BESTIMMUNG DER SPEZIFISCHEN
OZONZERSTÖRUNGSRATE ÜBER BUSCHSTEPPE
UND DES OZONFLUSSES IN DIESE OBERFLÄCHE
MIT HILFE VON
OZON- UND TEMPERATURPROFILMESSUNGEN
AN EINEM 120m-MAST IN TSUMEB/S.W.A.

von

PETER-JOACHIM WILBRANDT

ISBN-13: 978-3-540-07437-3 e-ISBN-13: 978-3-642-66218-8
DOI: 10.1007/978-3-642-66218-8

Inhaltsverzeichnis

1. Einleitung 5

2. Durchführung der Messungen 6
   - 2.1 Wahl des Meßplatzes 6
   - 2.2 Planung der Meßanlage 6
   - 2.3 Beschreibung der benutzten Meßinstrumente und Sensoren 7
     - 2.3.1 Ozonmessung 7
     - 2.3.2 Temperatur- und Luftdruckmessung 8
     - 2.3.3 Windmessung 9
   - 2.4 Beschreibung des Aufzugs 9
     - 2.4.1 Funktion der Fahrkorbsteuerung 10
     - 2.4.2 Messung der Fahrkorbhöhe 10
   - 2.5 Aufbau der Meßanlage und Aufzeichnung der Daten 10

3. Theoretische Grundlagen 11

4. Auswertung und Ergebnisse 14
   - 4.1 Darstellung und Bearbeitung der Meßergebnisse 14
   - 4.2 Berechnung der spezifischen Ozonzerstörungsrate und Diskussion der erzielten Ergebnisse 20
   - 4.3 Berechnung der Ozonflüsse und Diskussion der Ergebnisse 25
   - 4.4 Untersuchung der Austauschvorgänge in der bodennahen Luftschicht .. 30
   - 4.5 Vergleich der in Tsumeb und Windhoek gemessenen Ozonwerte 31

5. Zusammenfassung 33

   Summary 33

   Literaturverzeichnis 35

1. Einleitung und Problemstellung

Für das Verständnis unserer Umwelt und ihrer durch menschliche Aktivitäten verursachten Veränderungen ist die Kenntnis der in der Erdatmosphäre stattfindenden Austauschvorgänge besonders wichtig. Das Studium dieser dynamischen Vorgänge erfolgt in der Meteorologie mit ballongetragenen Radiosonden und anderen konservativen Meßmethoden. Seit Anfang der fünfziger Jahre stellt für diese Forschungsaufgabe die Spurenstoffchemie bzw. -physik ein weiteres Hilfsmittel dar. Bis 1963 konnten Untersuchungen der großräumigen Luftbewegungen aufgrund von Messungen der durch die Atomwaffentests in die Atmosphäre injizierten radioaktiven Substanzen durchgeführt werden. Als nach dem Testmoratorium im Jahre 1962 die Konzentrationen der Spaltprodukte für diese Untersuchung zu gering geworden waren, fand neben anderen natürlichen Spurenstoffen das atmosphärische Ozon für die Verwendung als Tracer zunehmendes Interesse. Wegen seiner relativ einfachen Meßbarkeit ist es für diesen Zweck besonders geeignet [FABIAN, PRUCHNIEWICZ und ZAND, 1971].

Das Ozon unterliegt, wie die meisten atmosphärischen Spurenstoffe, einem natürlichen Kreislauf. Als wichtige Teilbereiche dieses Kreislaufs lassen sich grob schematisch die photochemische Ozonbildung in der mittleren und unteren Stratosphäre (Ozonquelle), der Transport innerhalb der Stratosphäre und durch die Tropopause in die Troposphäre hinein sowie die chemische Ozonzerstörung durch Reduktion der Ozonmoleküle an der Erdoberfläche (Ozonsenke) nennen [DÜTSCH, 1969].

Zur quantitativen Bestimmung der Ozonsenke ist es erforderlich, die Ozonzerstörung über den verschiedenen Oberflächentypen zu kennen. Da die Ozonzerstörung nicht nur von der Oberfläche sondern auch von dem Betrag der vorliegenden Ozonkonzentration und den Transportvorgängen in der bodennahen Luftschicht abhängt, geschieht die Ermittlung dieser Größe durch Berechnung des Ozonflusses in die jeweilige Oberfläche. Zu der Bestimmung des Ozonflusses ist die Kenntnis der spezifischen Ozonzerstörungsrate notwendig. Angaben über diese von der Art der Oberfläche abhängige Größe liegen nur vereinzelt vor [REGENER, 1957], [ALDAZ, 1969], [KELLEY, 1968], [GALBALLY, 1971], [TIEFENAU, 1971]. Diese in der Literatur diskutierten Messungen erfolgten in mittleren und hohen Breiten. Für tropische und subtropische Gebiete finden sich in der Literatur bis zum gegenwärtigen Zeitpunkt nur Abschätzungen.

Die vorliegende Arbeit hat das Ziel, die spezifische Ozonzerstörungsrate und den vertikalen Ozonfluß über Buschsteppe zu bestimmen. Da der gewählte Landschaftstyp repräsentativ für große Teile der subtropischen Gebiete ist, ist die Ermittlung der erwähnten Größen für globale Budgetberechnungen von allgemeinem Interesse.

Zur Lösung dieser wissenschaftlichen Problemstellung erfolgten in Tsumeb (Südwestafrika) Profilmessungen von Ozon und Lufttemperatur. Diese in-situ-Meßmethode hat den Vorteil, daß sie neben der Ermittlung der genannten Parameter eine gleichzeitige Bestimmung des Windprofils und des Luftdrucks ermöglicht. Aus diesen Meßgrößen läßt sich ein quantitatives Maß für die Stabilität der Schichtung in der bodennahen Atmosphäre errechnen. Dadurch kann der Einfluß dieser Parameter auf die stabilitätsabhängigen Transportvorgänge berücksichtigt werden.

Die Profilmessungen wurden über einen Höhenbereich von 2,5 m bis 105 m über Grund bei verschiedenen Windgeschwindigkeiten und Stabilitäten der Schichtung durchgeführt. Aus den Profilmessungen erfolgt die Berechnung der spezifischen Ozonzerstörungsrate und der Ozonflüsse mit Hilfe der Theorie über turbulente Diffusion, wobei bei den auftretenden Schichtungen Gleichheit des Transportes von Impuls und Ozon vorausgesetzt wird [REGENER, 1974].

Mit Hilfe der Profilmessungen erfolgt außerdem eine Diskussion über die Austauschvorgänge in der bodennahen Atmosphäre bei unterschiedlichen Schichtungen.

Abschließend werden die in Tsumeb und Windhoek (400 km südlich) simultan gemessenen Ozontagesgänge verglichen. Dieser Vergleich soll zeigen, inwieweit die an einem Ort erzielten Resultate repräsentativ für ein großräumiges Gebiet vom gleichen Landschaftstyp sind.

2. Durchführung der Messungen

2.1 Wahl des Meßplatzes

Ein für die Messungen geeigneter Ort muß folgenden Anforderungen genügen:

1. Die Oberfläche darf in einer möglichst großen Umgebung des Meßortes keine Unterschiede in der Art der Vegetation und der Bodenbeschaffenheit aufweisen.

   Diese Forderung ist notwendig, da die Horizontalkomponenten der Windgeschwindigkeit im allgemeinen groß gegenüber den Vertikalkomponenten sind, so daß eine unterschiedliche Oberflächenbeschaffenheit räumliche Inhomogenitäten des Ozongehaltes verursachen würde.

2. Es soll ein freier Zugang der Luft an den Meßort von allen Seiten her gewährleistet sein.

3. An dem Meßort sollen Reinluftbedingungen vorliegen, d.h., die Umgebung des Meßortes muß frei sein von Emissionsquellen für SO_2, CO, Staubaerosole und andere ozonzerstörende Stoffe.

   Diese Stoffe bedingen durch zusätzliche Ozonzerstörung in der bodennahen Luftschicht eine Verfälschung der Profile.

Die genannten Forderungen werden sehr gut von dem gewählten Meßort Tsumeb in Südwestafrika erfüllt, an dem sich die Außenstelle Jonathan Zenneck des Max-Planck-Institutes für Aeronomie befindet. Die geographische Lage der Station ist $19°11'$S und $17°37'$E. Die Höhe über dem Meeresspiegel beträgt etwa 1250 m. Die Station liegt 15 km westlich des Ortes Tsumeb. Das Land in der Umgebung des Meßortes ist mit etwa 3 m hohen Büschen bewachsen, die von einzelnen Bäumen überragt werden. Abgesehen von dem Otavi-Bergland, einem Hügelland, das sich etwa 50 km südlich von Nordwest nach Südost erstreckt, und dessen höchster Berg die Hochebene um etwa 600 m überragt, ist das Gelände in allen anderen Richtungen nahezu eben und weist in einem Umkreis von mindestens 100 km keine Unterschiede in der Vegetation auf. Als einzige Emissionsquellen für ozonzerstörende Gase und Aerosole kommen auf dem Institutsgelände ein Dieselmotor und ein zeitweise vor dem Eingeborenenhaus brennendes Feuer in Betracht. Weitere derartige Quellen gibt es in der näheren Umgebung des Meßplatzes nicht. In der weiteren Umgebung ist der Ort selbst und die dort vorhandene Mine zu nennen. Durch Probemessungen konnte jedoch sichergestellt werden, daß von den erwähnten Quellen am Meßort nur zeitweise geringe Störungen ausgehen.

Auf dem Institutsgelände befindet sich eine Antennenanlage mit drei 120 m hohen Masten.

An einem der Maste ist eine elektrisch betriebene Aufzugsanlage installiert, welche Profilmessungen über den Bereich von 2 m bis 120 m über dem Boden ermöglicht.

2.2 Planung der Meßanlage

Zur Bestimmung der spezifischen Ozonzerstörungsrate q (siehe Gleichung (13) in Abschnitt 3) und des abwärts gerichteten Ozonflusses F (siehe Gleichung (3) und Gleichung (10) in Abschnitt 3) muß eine Messung der folgenden Parameter erfolgen:

1. Ozongehalt als Funktion der Höhe,
2. Temperatur als Funktion der Höhe,
3. Windgeschwindigkeit als Funktion der Höhe,
4. Luftdruck in einer festen Höhe.

Mit Hilfe des vorhandenen Aufzuges können nicht nur Daten aus der Prandtl-Schicht (Schicht der konstanten Flüsse), sondern aus der gesamten bodennahen Atmosphäre gewonnen werden. Unter dem Begriff "bodennahe Atmosphäre" wird die Luftschicht verstanden, welche die untersten 100 m der Atmosphäre umfaßt [KRAUS, 1970].

Durch den Gittermast wird das lokale Strömungsfeld der Luft gestört. Die Störungen machen sich im wesentlichen nur in horizontaler Richtung bemerkbar, der Anteil in vertikaler Richtung kann vernachlässigt werden. Da etwaige Windgeschwindigkeitsänderungen durch das Umströmen des Mastes keinen Einfluß auf den Ozongehalt und die Temperatur haben, darf vorausgesetzt werden, daß der Mast das auszumessende Ozon- und Temperaturprofil nicht stört.

2.3 Beschreibung der benutzten Meßinstrumente und Sensoren

2.3.1 Ozonmessung

Für die Ozonmessung wurde der Ozonsensor nach BREWER und MILFORD [1960] in modifizierter Form benutzt. Dieser Sensor wurde bereits bei Ozonprofilmessungen über dem Meer eingesetzt [TIEFENAU, 1971] und findet ebenfalls Anwendung bei Ozonmessungen vom Flugzeug aus [TIEFENAU, PRUCHNIEWICZ und FABIAN, 1972].

Die Wirkungsweise dieses Sensors darf als bekannt vorausgesetzt werden, so daß in der vorliegenden Arbeit nur ein kurzes Referieren des Meßprinzips erforderlich ist. Das Gerät benutzt ein elektrochemisches Verfahren, wobei eine Pumpe die zu untersuchende Luft in eine mit Kaliumjodidlösung gefüllte Reaktionszelle drückt. In die Zelle tauchen eine Silberanode und eine Platinkathode. Durch das Anlegen einer Kompensationsspannung von 0.41 Volt wird eine Selbstzerstörung des chemischen Systems verhindert. Bei der zwischen dem Ozon in der eingeblasenen Luft und dem Kaliumjodid der Lösung stattfindenden Reaktion wird ein molekulares Jod freigesetzt. Jedes gebildete Jodmolekül nimmt an der Kathode zwei Elektronen auf, wobei zwei Jodionen entstehen. Gleichzeitig geben zwei Jodionen an der Anode je ein Elektron ab und es bildet sich ein Jodmolekül, welches mit der Silberanode eine unlösliche Verbindung eingeht. Im Außenkreis der Elektroden wird der so bewirkte Strom registriert. Der Meßstrom ist dem Ozongehalt der zu untersuchenden Luft direkt proportional.

Die Zeitkonstante des Sensors beträgt nach Messungen von TIEFENAU [1971] 22,5 Sekunden. Als Zeitkonstante wird die Zeit bezeichnet, in der der Sensor das $1/e$-fache des Meßwertes anzeigt. Die Kenntnis der Zeitkonstanten ist für die Wahl der geeigneten Fahrkorbgeschwindigkeit von Bedeutung.

Der in der Originalsonde verwendete Motor wurde gegen einen elektronisch geregelten Motor mit hoher Drehzahlkonstanz ausgetauscht. Dadurch konnte die in der Arbeit von TIEFENAU [1971] genannte Fehlerquelle "Änderung der Motorendrehzahl" vermieden werden.

Verunreinigungen in Ansaugschlauch und Pumpe, Fehler beim Einstellen der Pumpleistung oder Fehler im elektrischen Teil verursachen eine Fehlanzeige des Sensors. Die Verunreinigungen im Ansaugteil bedingen Abweichungen durch vorzeitige Reduktion des Ozons. Dieser Fehler kann einen Wert von über 50 % erreichen. Durch sorgfältige Reinigung des Systems läßt er sich auf einen Betrag von 5 % herabsetzen.

Der Gesamtfehler im mechanischen und chemischen Teil wurde von MÜLLER [1968] auf ± 5 % abgeschätzt. In diesen Wert gehen Abweichungen der Motordrehzahl von ± 2 % vom Sollwert ein. Bei den eigenen Messungen traten diese Abweichungen nicht mehr auf. Trotzdem muß beim Pumpendurchsatz mit einem Fehler von ± 2 % gerechnet werden, der durch den Justiervorgang der Pumpleistung sowie durch allmähliche Änderungen des Durchsatzes verursacht wird. Eine eigene Abschätzung des Gesamtfehlers stimmt daher mit der von Müller angegebenen Abschätzung überein.

Eine weitere Fehlerquelle ist das Verdunsten der Reaktionslösung. Der dadurch verursachte Fehler kann aufgrund von Beobachtungen des Flüssigkeitsstandes in der Reaktionszelle mit 5 % abgeschätzt werden.

Fehler im elektrischen Teil sind, wie Eich- und Vergleichsmessungen zeigten, gegenüber den genannten Fehlerquellen zu vernachlässigen. Aufgrund der durchgeführten Eichmessungen wird in Übereinstimmung mit den Fehlerangaben anderer Autoren bei längeren Meßreihen der Fehler jeder Einzelmessung im Mittel mit ± 10 % abgeschätzt.

Für jedes Profil kann der Einfluß der folgenden Fehlerquellen "Änderung der Pumpleistung", "allmähliche Verschmutzung des Sensors" und "Verdunsten der Lösung" als konstant angesehen werden. Deshalb ist es möglich, bei Kenntnis des wahren Ozongehaltes in einer bestimmten Höhe die gemessenen Ozon-Profilwerte auf die wahren Ozonwerte umzurechnen. Der Fehler der Einzelmessung erniedrigt sich dann auf einen Wert von ± 5 %.

2.3.2 Temperatur- und Luftdruckmessung

An den Temperatursensor sind folgende Anforderungen zu stellen. Er soll zum einen empfindlich genug sein, um Temperaturänderungen in der Größenordnung einiger zehntel Grad Celsius anzuzeigen, und er soll zum anderen imstande sein, Temperaturänderungen von einigen Grad anzuzeigen. Temperaturän-

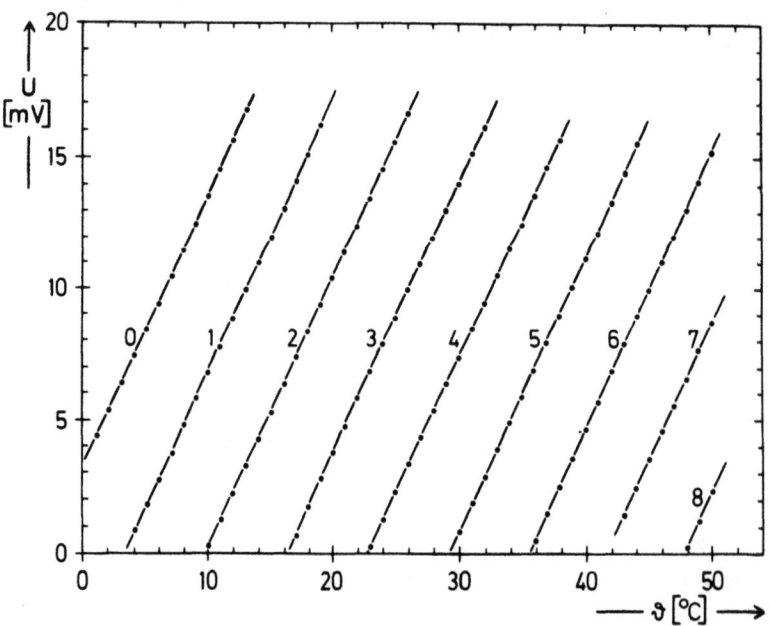

Abb. 1: Eichkurven des Temperatursensors für die Bereiche 0 - 8

derungen von einigen Grad treten im Profilverlauf abends nach Aufbau einer Inversionsschicht auf. Ferner muß die Zeitkonstante des Temperatursensors kleiner als die Zeitkonstante des Ozonsensors sein.

Die Temperaturmessung erfolgte mit einer von TIEFENAU [1971] beschriebenen Anordnung. Als Meßwertgeber dient ein Silizium-Transistor in einer Brückenschaltung. Wie Abb. 1 zeigt, ist es durch einen geeigneten Abgleich möglich, den Temperatursensor den genannten Anforderungen anzupassen.

Die Eichung wurde mit Hilfe eines Präzisionsthermometers im Wasserbad durchgeführt. Die Genauigkeit des Sensors beträgt ± 0,2 Grad.

Die Dauerregistrierung des Luftdruckes erfolgte mit einem üblichen in der Meteorologie verwendeten Barographen.

2.3.3 Windmessung

Die Werte der Windgeschwindigkeit wurden in 6 m, 15 m, 30 m und 120 m Höhe über dem Boden mit kommerziellen Windschreibern nach Woelfle registriert, die von dem Meteorologischen Institut der TU Karlsruhe betreut werden.

2.4 Beschreibung des Aufzuges

Die für die Messungen benutzte Aufzugsvorrichtung ist in etwa 1 m Abstand an der Nordwestseite des genannten Mastes installiert, welcher sich ungefähr 250 m nordwestlich der Institutsgebäude befindet. Die Anlage gestattet ein Auf- und Abfahren des Sensors zwischen 2 m und 120 m Höhe über Grund.

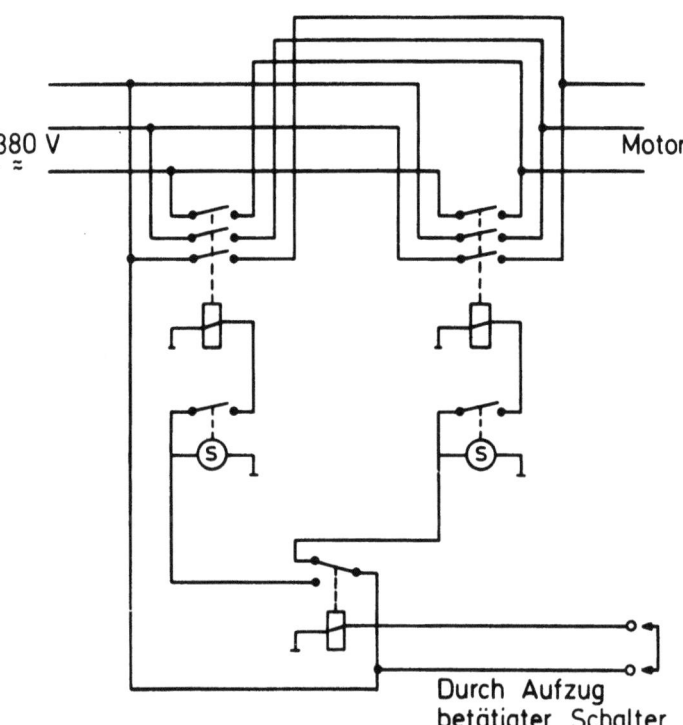

Ⓢ Zeitrelais, das mit einstellbarer Verzögerung arbeitet.
Alle Relais in Ruhestellung gezeichnet.

Schaltkreis für den Motorstop und die Umsteuerung

2.4.1, 2.4.2, 2.5

Für den Antrieb sorgt ein an das untere Ende der Aufzugsvorrichtung angebrachter Drehstrommotor. Die Steuerung der Fahrtrichtung erfolgt automatisch durch den Aufzug. Die dafür entwickelte Schaltung bewirkt an dem höchsten und tiefsten Punkt der Meßstrecke jeweils eine kurze Fahrpause, während der die Ozonkonzentration in diesen Höhen exakt vermessen werden konnte.

2.4.1 Funktion der Fahrkorbsteuerung

Je nach Fahrtrichtung ist der durch den Aufzug betätigte Schalter geöffnet oder geschlossen. Beim Betätigen des Schalters fällt das zuvor eingeschaltete Zeitrelais und damit auch das dazugehörige Relais für den Motorstrom ab.

Das zweite nun eingeschaltete Zeitrelais zieht nach der eingestellten Verzögerungszeit an und betätigt das dazugehörige Relais für den Motorstrom. Da jetzt zwei Phasen miteinander vertauscht sind, ist die Drehrichtung des Motors geändert. Bei erneuter Betätigung des Schalters läuft der Vorgang analog mit den anderen Relais ab.

2.4.2 Messung der Fahrkorbhöhe

Die Messung der Fahrkorbhöhe erfolgte über ein Potentiometer, das über ein Getriebe und ein an das Fahrseil gedrücktes Rad mit dem Aufzug verbunden war. Eine geeignete Brückenschaltung ermöglicht einen Nullabgleich und eine Einstellung des Vollausschlages.

2.5 Aufbau der Meßanlage und Aufzeichnung der Daten

Die Messungen des Ozongehaltes und der Temperatur erfolgten von einem Fahrkorb aus, der an der beschriebenen Aufzugsvorrichtung befestigt wurde. Aus technischen Gründen erstreckte sich die Fahrstrecke nur auf den Bereich 2,5 m bis 105 m.

Zur Gewinnung zusätzlicher Ozonwerte und zur Kontrolle des einwandfreien Meßbetriebes der Fahrkorbsonde erfolgten zusätzliche Dauerregistrierungen des Ozongehaltes in 2,3 m und in 0,1 m Höhe. Bei Probemessungen zeigte es sich, daß der in 2,3 m Höhe gemessene Ozongehalt sich nur im Rahmen der Meßgenauigkeit von dem Ozongehalt in 2,5 m Höhe unterscheidet.

Für die Windmessungen wurden die von dem Meteorologischen Institut der TU Karlsruhe zur Verfügung gestellten Registrierungen der Windgeschwindigkeit in 6 m, 15 m, 30 m und 120 m Höhe verwendet. Die ausgewerteten Registrierungen liegen in Stundenmitteln vor.

Diese Werte sind für die eigene Auswertung sinnvoller als Windmessungen vom Fahrkorb aus, da bei dieser Profilmeßart kurzzeitige Änderungen der Windgeschwindigkeit als vertikale Änderungen erscheinen würden.

Die Dauerregistrierung des Luftdruckes erfolgte etwa 250 m vom Aufzug entfernt auf der Veranda des Institutsgebäudes.

Bei der Wahl der Fahrkorbgeschwindigkeit waren zwei Forderungen zu beachten. Einerseits soll die Fahrzeit kurz sein, um ein Profil unter möglichst konstanten Bedingungen messen zu können, andererseits sind wegen der Trägheit des Ozonsensors und der Forderung nach einer brauchbaren vertikalen Auflösung der Ozonmessungen der Fahrkorbgeschwindigkeit Grenzen gesetzt. Die Geschwindigkeit betrug 2,5 m/min. Da als Verweilzeit am oberen und unteren Ende 3 Minuten gewählt wurde, ergab sich eine

Gesamtzeit von 47 Minuten für die Bestimmung eines einzelnen Profils. Diese Zeit ist zu vertreten, da eine Bearbeitung der Ozontagesgänge von Windhoek während einer zweijährigen Meßperiode zeigte, daß in einer Stunde Änderungen des Ozongehaltes von höchstens 10 % auftreten. Natürlich bedingte Änderungen während der 47 Minuten liegen damit im Rahmen der Meßgenauigkeit.

Windhoek liegt 400 km südlich von Tsumeb und ist eine Station der vom Max-Planck-Institut für Aeronomie unterhaltenen meridionalen Ozon-Meßkette [FABIAN, PRUCHNIEWICZ, 1973]. Die Ozonmessung an dieser Station wird mit einem von PRUCHNIEWICZ [1970, 1973] beschriebenen Ozonmeßgerät durchgeführt.

Die im Fahrkorb erzielten Daten wurden mit Hilfe eines Kabels übertragen, so daß alle Meßwerte auf einheitliche Weise aufgezeichnet werden konnten. Die Abfrage der Meßwerte erfolgte mit einem digitalen Voltmeter, an das ein Drucker angeschlossen war.

Wegen der T_{90}-Zeit des Ozonsensors von 52 Sekunden wurde als geeigneter Abfragerhytmus die Zeitdauer von 60 Sekunden als Abstand zwischen zwei Abfragen festgelegt. Mit T_{90} wird die Zeit bezeichnet, in der der Sensor 90 % des Meßwertes anzeigt. Auf diese Weise ergaben sich die Ozon- und Temperaturwerte eines Profils im Abstand von 2,5 m.

3. Theoretische Grundlagen

Die im folgenden Abschnitt dargestellte Methode zur Bestimmung der spezifischen Ozonzerstörungsrate geht in den Grundzügen auf REGENER [1974] zurück. Zusätzlich liefert dieses Verfahren zwei einfache Beziehungen zur Berechnung des vertikal abwärts gerichteten Ozonflusses. Bei Anwendung dieses Verfahrens werden die in Tsumeb vorliegenden meteorologischen Gegebenheiten berücksichtigt.

Wegen der in Abschnitt 2.1 beschriebenen Bedingungen am Meßort kann der Betrag des in der bodennahen Luftschicht erzeugten oder zerstörten Ozons als klein im Vergleich zu dem Ozonfluß in die Erdoberfläche angesehen werden [ALDAZ, 1969, GALBALLY, 1971]. Daher wird für die Berechnungen die Annahme gemacht, daß in dieser Luftschicht keine Ozonzerstörung stattfindet. Weiter wird die Gleichheit der Transportkoeffizienten für Impuls und Ozon angenommen [REGENER, 1974]. Damit läßt sich für den abwärts gerichteten Ozonfluß F schreiben.

$$F = C_D \cdot u_1 \cdot (M_1 - M_0) \quad . \quad (1)$$

Dabei ist C_D der schichtungsabhängige Transportkoeffizient,

u_1 die Windgeschwindigkeit in der Höhe z_1,

M_1 die Ozonkonzentration in der Höhe z_1 und

M_0 die Ozonkonzentration an der Erdoberfläche.

Der für die Rechnung erforderliche Wert des Transportkoeffizienten bei instabiler Schichtung läßt sich mit Hilfe des bekannten Wertes im Falle neutraler Schichtung nach einem Korrekturverfahren von DEARDORFF [1968] berechnen.

An der Erdoberfläche ist die Ozonkonzentration nicht meßbar, jedoch gilt die Beziehung

$$F = q \cdot M_0 \quad . \quad (2)$$

3.

q bedeutet die spezifische Ozonzerstörungsrate und hat die Dimension einer Geschwindigkeit.

Ein Eliminieren von M_O mit Hilfe von (1) und (2) ergibt

$$F = \frac{q \cdot M_1}{1 + \frac{q}{C_D \cdot u_1}} \qquad (3)$$

Mit dieser Gleichung ist die Möglichkeit zur Berechnung des vertikal abwärts gerichteten Ozonflusses gegeben.

Weiterhin läßt sich der Ozonfluß folgendermaßen darstellen

$$F = K_M \cdot \frac{dM}{dz} \qquad (4)$$

K_M bezeichnet den turbulenten Diffusionskoeffizienten für Ozon.

Nach KRAUS [1970] gilt für den turbulenten Diffusionskoeffizienten für Impuls K_M bei labiler Schichtung

$$K_m = u_* \cdot K \cdot z \left(1 - 18 \frac{z}{L_*}\right)^{1/4} \qquad (5)$$

Dabei ist u_* die Schubspannungsgeschwindigkeit,

K die von Kármánsche Konstante (= 0,41),

z die Höhe und

L_* die Stabilitätslänge.

Für die Schubspannungsgeschwindigkeit wird der folgende Ansatz genommen

$$u_* = \frac{u_1 \cdot K}{\ln\left(\frac{z_1}{z_0}\right)} \qquad (6)$$

Die Stabilitätslänge läßt sich nach KRAUS [1979] schreiben als

$$L_* = c \cdot \frac{u_* \cdot \overline{T}}{K \cdot g} \cdot \frac{\frac{\partial \bar{u}}{\partial z}}{\frac{\partial \overline{\theta}}{\partial z}} \qquad (7)$$

mit $\qquad c = \frac{K_h}{K_m}$

Es bezeichnet

T die aktuelle Temperatur,

θ die potentielle Temperatur,

g die Erdbeschleunigung und

K_h den turbulenten Diffusionskoeffizienten für fühlbare Wärme.

Waagerechte Striche über den Symbolen kennzeichnen zeitliche Mittel.

Die potentielle Temperatur ist definiert als

$$\Theta = T \cdot \left(\frac{p_O}{p}\right)^{\frac{c_p - c_v}{c_p}} , \qquad (8)$$

wobei

- p_O der Normaldruck (1000 mb),
- p der Luftdruck am Ort der Temperaturmessung,
- c_p die spezifische Wärme bei konstantem Druck und
- c_v die spezifische Wärme bei konstantem Volumen ist.

Für die weitere Rechnung wird vorausgesetzt, daß für den turbulenten Diffusionskoeffizienten von Impuls bei Betrachtung eines geeigneten Höhenintervalls gilt

$$K_m = \frac{u_1 \cdot K^2}{\ln\left(\frac{z_1}{z_O}\right)} \cdot z \cdot b \qquad (9)$$

mit

$$b = \left(1 - 18 \frac{z_d}{L_*}\right)^{1/4} .$$

z_d bezeichnet die Höhe der Intervallmitte.

Unter der Annahme der Gleichheit der Austauschkoeffizienten von Ozon und Impuls ergibt sich

$$F = \frac{u_1 \cdot K^2 \cdot b \cdot z}{\ln\left(\frac{z_1}{z_O}\right)} \cdot \frac{dM}{dz} . \qquad (10)$$

Diese Gleichung stellt eine weitere für die Berechnung des abwärts gerichteten Ozonflusses anwendbare Beziehung dar.

Ein Gleichsetzen der nach (3) und (10) errechneten Flüsse ergibt

$$\frac{dM}{dz} = \frac{\dfrac{C_D \cdot M_1}{K^2 \cdot b \cdot z} \cdot \ln\left(\dfrac{z_1}{z_O}\right)}{1 + \dfrac{C_D \cdot u_1}{q}} . \qquad (11)$$

Ein Integrieren der Gleichung (11) liefert

$$M = M_1 \left(1 + \frac{\dfrac{C_D}{K^2 \cdot b} \cdot \ln\left(\dfrac{z_1}{z_O}\right) \cdot \ln\left(\dfrac{z}{z_1}\right)}{1 + \dfrac{C_D \cdot u_1}{q}}\right) . \qquad (12)$$

Durch ein Umschreiben von (12) ergibt sich für die spezifische Ozonzerstörungsrate q der Ausdruck

$$q = \frac{(M - M_1) \cdot C_D \cdot u_1}{\frac{M_1 \cdot C_D}{K^2 \cdot b} \cdot \ln(\frac{z_1}{z_0}) \cdot \ln(\frac{z}{z_1}) - (M - M_1)} \quad . \quad (13)$$

Nach Gleichung (13) ist q bei Kenntnis der Größen z_0, C_D und b bei festem z und z_1 als Funktion von M, M_1 und u_1 bestimmbar.

4. Auswertung und Ergebnisse

4.1 Darstellung und Bearbeitung der Meßergebnisse

Die Profilmessungen erfolgten in der Zeit vom 19. Oktober bis zum 27. November 1972.

Bedingt durch die Konstruktion des Aufzuges waren nur Profilmessungen bei östlichen und südlichen Windrichtungen möglich, da sich bei allen anderen Windrichtungen der Aufzug in den Abspannungen des Mastes verfing. Aus diesem Grund mußte auf einen unbeaufsichtigten Betrieb der Meßanlage während der Nachtstunden verzichtet werden.

In einer Voruntersuchung wurden alle Messungen, bei denen der Ozonsensor im Fahrkorb nicht einwandfrei arbeitete, als unbrauchbar ausgeschieden. Dieser Fall liegt vor, wenn die Differenz zwischen der Anzeige des Fahrkorbsensors bei Halt des Fahrkorbes unten und des Ozonsensors in 2,3 m Höhe mehr als 20 % des größeren Meßwertes beträgt.

Die Abfragevorrichtung für die Meßwerte arbeitete unabhängig von der Fahrkorbsteuerung. Deswegen lag es wegen der gewählten Fahrkorbgeschwindigkeit nahe, die Ozonwerte in Höhenintervalle von 2,5 m Länge einzuordnen.

Abgesehen von den Höhen der Dauerregistrierungen und den Höhen der Anfangs- und Endpunkte bezeichnet im folgenden jede Höhenangabe die Mitte des Höhenintervalls, in dem die Messung erfolgte. Sämtliche Zeiten sind in MEZ angegeben. Diese Zeit entspricht der Ortszeit.

Um zunächst einen Überblick über den Tagesgang des Ozons in den verschiedenen Höhen zu erhalten, werden alle Profile nach der Zeit, in der sie gemessen wurden, in Stundenintervalle eingeteilt. Diese Klasseneinteilung erscheint sinnvoll, da in jedes Stundenintervall zwischen 10 und 21 Uhr mindestens 28 Profile fallen. In das Intervall von 8 bis 9 Uhr können 16 Profile eingeordnet werden, in das von 9 bis 10 Uhr 22 Profile. Da die Anzahl der Profile in allen anderen Stundenintervallen für eine statistische Betrachtung zu gering ist, müssen die Meßwerte, die in diese Intervalle fallen, von einer derartigen Bearbeitung des Meßmaterials ausgeschlossen werden.

Für jedes Stundenintervall erfolgt die Berechnung eines mittleren Profils. Der sich aus den Durchschnittsprofilen ergebende Ozontagesgang am Meßort in verschiedenen Höhen über dem Boden ist in Abbildung 2 dargestellt. Weiterhin sind in dieser Abbildung die Werte der Dauerregistrierung in 10 cm Höhe gezeigt. Die Ozonkonzentrationen sind in ppb angegeben. Dabei gilt:

1 ppb Ozon/Luft ≙ 1 Ozonmolekül / 10^9 Luftmoleküle.

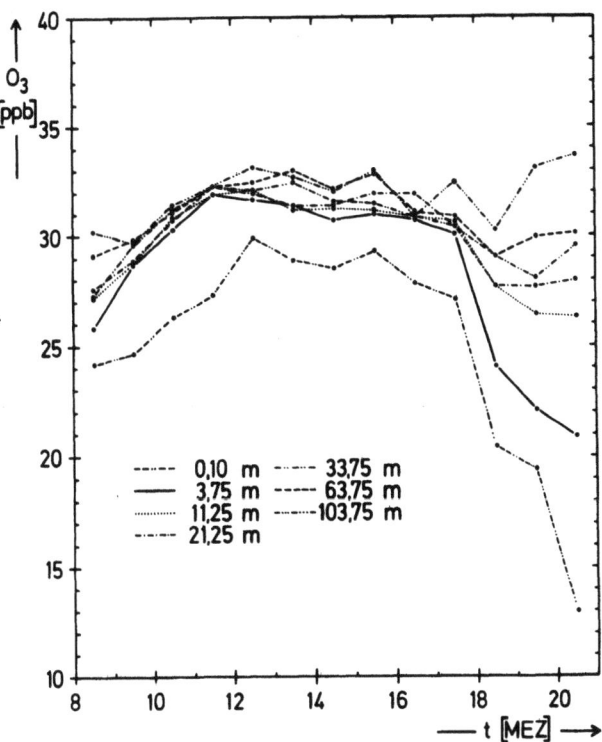

Abb. 2: Tagesgang des Ozon-Luft-Mischungsverhältnisses zwischen 8 und 21 Uhr in verschiedenen Höhen über dem Meßort.

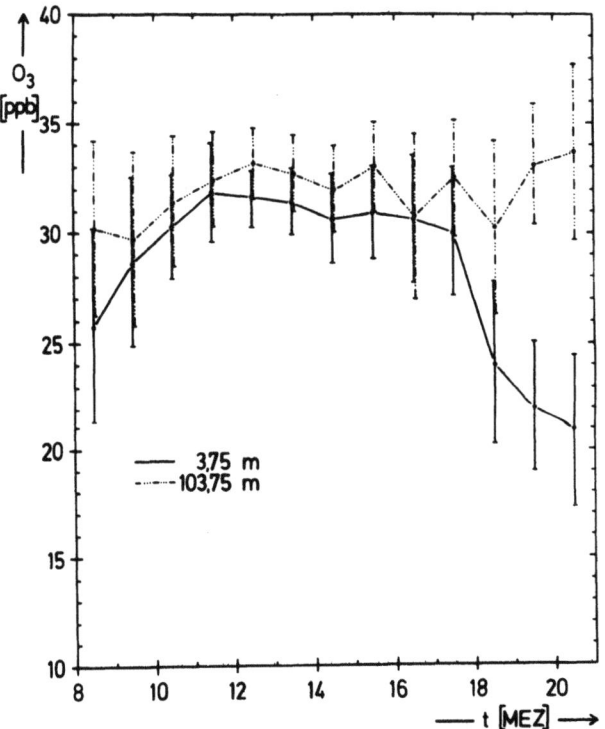

Abb. 3: Tagesgang des Ozon-Luft-Mischungsverhältnisses zwischen 8 und 21 Uhr in 3,75 m und 103,75 m Höhe mit Angaben der Vertrauensgrenzen (5 % Irrtumswahrscheinlichkeit).

Abbildung 3 zeigt die Vertrauensgrenzen für die Mittelwerte in 3,75 m und 103,75 m Höhe mit einer Irrtumswahrscheinlichkeit von 5 %. Die Vertrauensgrenzen der Mittelwerte für die anderen Höhen weichen höchstens um ± 10 % von den für ein Stundenintervall angegebenen Werten ab.

Entsprechend wird aus den mit den Ozonprofilen mitgemessenen Temperaturprofilen für jedes Stundenintervall ein mittleres Temperaturprofil und daraus der Tagesgang der Temperatur in verschiedenen Höhen bestimmt. Das Ergebnis ist in Abb. 4 angegeben. In Abb. 5 sind die Vertrauensgrenzen für die Temperaturmittelwerte in 3,75 m und 103,75 m Höhe mit einer Irrtumswahrscheinlichkeit von 5 % dargestellt. Die Abweichungen der Vertrauensgrenzen der anderen Mittelwerte betragen höchstens ± 8 % von den für ein Stundenintervall angegebenen Werten.

Aus Gründen einer übersichtlichen Darstellung wurde bei den Abbildungen 2 bis 5 der Anfang der Ordinatenachse bei 10 ppb bzw. 15°C gewählt.

Aus den vorliegenden Windregistrierungen werden für den Meßzeitraum die durchschnittlichen Tagesgänge der Windgeschwindigkeit in verschiedenen Höhen über dem Boden berechnet. Diese Tagesgänge sind in Abb. 6 dargestellt.

Eine Betrachtung der Tagesgänge des Ozongehaltes in Abb. 2 zeigt, daß in der Zeit von 9 bis 18 Uhr die Unterschiede im Ozongehalt zwischen 3,75 m und 103,75 m mit durchschnittlich 1,3 ppb sehr gering sind. Nach 18 Uhr ist in 3,75 m Höhe ein deutlicher Rückgang zu beobachten, während der Ozongehalt in 103,75 m im Rahmen der Vertrauensgrenzen konstant bleibt.

Zur Klärung der Frage nach der Signifikanz des beobachteten Abfalls wurde die Menge der in der Zeit von 17 bis 18 Uhr in 3,75 m Höhe gemessenen Ozonwerte mit der Menge der in der Zeit von 18 bis 19 Uhr in derselben Höhe gemessenen Ozonwerte unter Anwendung des Wilcoxon-Tests verglichen. Der Unterschied zwischen den beiden Mengen läßt sich mit 5 %

Irrtumswahrscheinlichkeit als signifikant nachweisen. Daher darf der beobachtete Abfall im Rahmen der angegebenen Irrtumswahrscheinlichkeit als statistisch gesichert angesehen werden.

Eine gleichzeitige Betrachtung der Temperaturtagesgänge in verschiedenen Höhen (Abbildung 4) zeigt, daß in der Zeit von 8 bis 18 Uhr eine instabile Schichtung vorliegt, die jedoch in den Stundenintervallen von 8 bis 9 Uhr und von 17 bis 18 Uhr weniger stark ausgeprägt ist. Wie Abbildung 4 zeigt, erfolgt in der Zeit nach 18 Uhr der Aufbau einer Inversion.

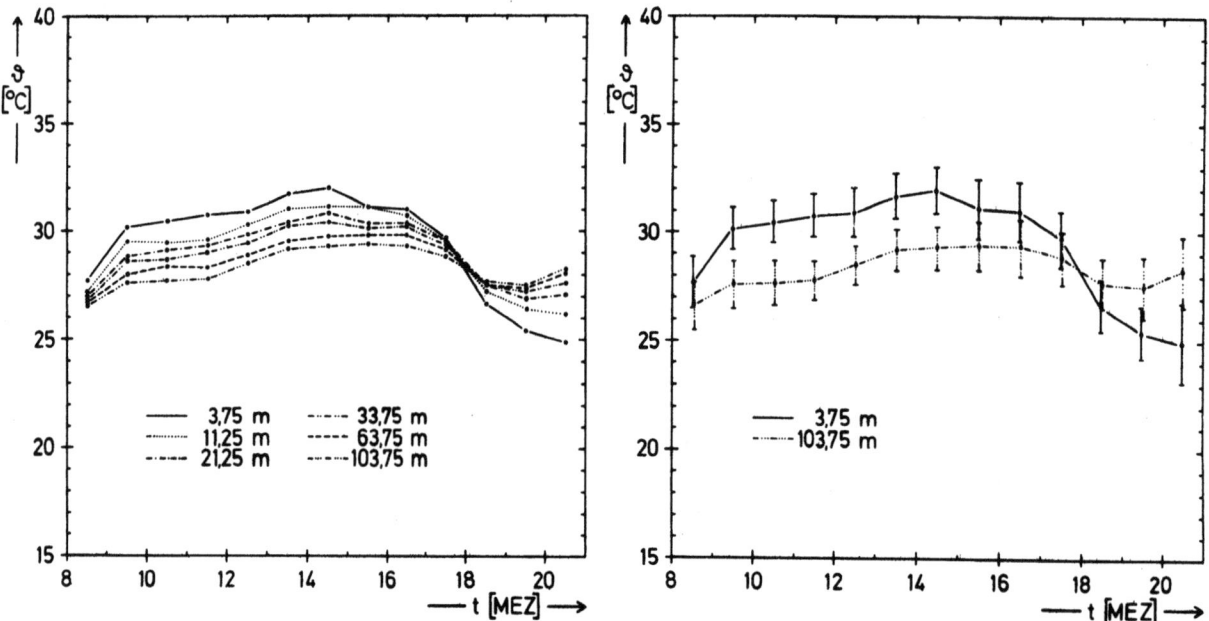

Abb. 4: Tagesgang der Temperatur zwischen 8 und 21 Uhr in verschiedenen Höhen über dem Meßort.

Abb. 5: Tagesgang der Temperatur zwischen 8 und 21 Uhr in 3,75 m und 103,75 m Höhe mit Angabe der Vertrauensgrenzen (5 % Irrtumswahrscheinlichkeit).

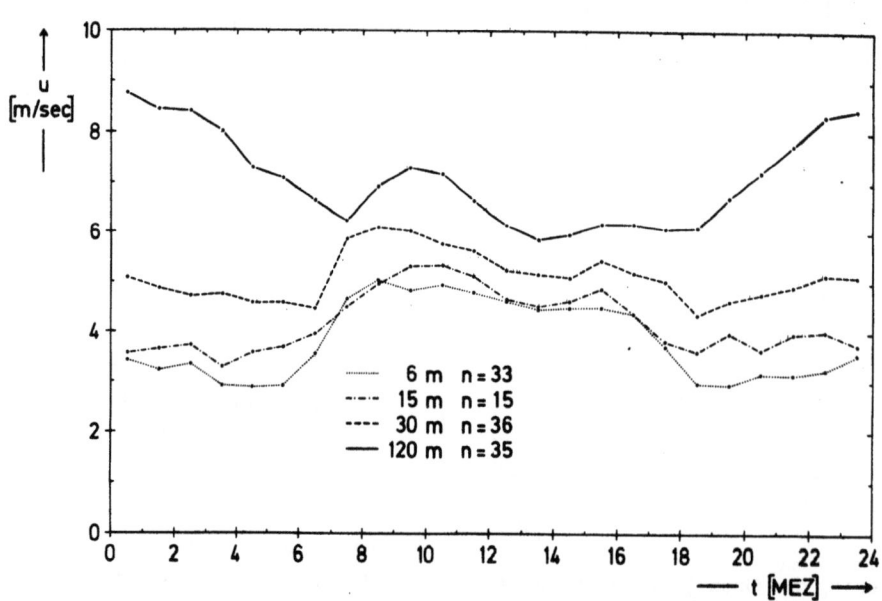

Abb. 6: Tagesgang der Windgeschwindigkeit in verschiedenen Höhen über dem Meßort.

Die Tagesgänge der Windgeschwindigkeit in Abbildung 6 zeigen nachts wesentlich größere Unterschiede zwischen den Windgeschwindigkeiten in den verschiedenen Höhen als tagsüber. In 120 m Höhe ist das Maximum in den Nachstunden zu finden, währen in den anderen Höhen das Maximum der Windgeschwindigkeit in den Vormittags- und Mittagsstunden auftritt. Diese Tagesgänge der Windgeschwindigkeit sind den Tagesgängen ähnlich, die WALK [1972] aus Windmessungen an demselben Meßort ermittelte.

Die Beobachtungen lassen sich nach WALK [1972] folgendermaßen erklären. Tagsüber tritt wegen der instabilen Schichtung ein erhöhter Impulaustausch auf. Dieser Austausch bewirkt ein Anwachsen der Windgeschwindigkeit in den unteren Luftschichten auf Kosten der Windgeschwindigkeit in den größeren Höhen. Bei Nacht baut sich zwischen 30 m und 120 m Höhe eine Inversion auf, die eine "Entkoppelung" mit der unteren Luftschicht bewirkt. Damit ist das nächtliche Maximum der Windgeschwindigkeit in 120 m Höhe erklärt.

Mit Hilfe der Temperaturtagesgänge läßt sich das Zustandekommen des Ozontagesganges in den verschiedenen Höhen erklären. Die geringen Ozondifferenzen um die Mittags- und Nachmittagszeit sind durch den guten Luftmassenaustausch bedingt. Dieser wird, wie die Tagesgänge der Temperatur verdeutlichen, durch die starke Erwärmung des Bodens infolge der Sonneneinstrahlung verursacht. Nach Sonnenuntergang kühlt sich der Boden ab, und in der darüberliegenden Luft kommt es zur Ausbildung einer sehr stabilen Schichtung. Der turbulente Transport aus höheren Schichten wird dadurch verringert oder sogar unterbunden, was unter anderem eine Abnahme des vertikalen Ozontransportes zum Boden hin bewirkt. Da jedoch während dieser Stunden der Wind in 6 m Höhe nur eine geringfügige Abnahme zeigt (siehe Abb. 6), bleibt infolge der großen Oberflächenrauhigkeit die turbulente Diffusion in den untersten Bodenschichten weiterhin wirksam. Die in Abbildung 2 zu beobachtende Ozonabnahme in der bodennahen Luftschicht erklärt sich als Folge dieser gleichzeitig ablaufenden Prozesse.

Für eine sinnvolle Betrachtung der Ozonprofile muß sichergestellt sein, daß eine homogene Verteilung des Ozons in horizontaler Richtung vorliegt, damit die Änderungen des Ozongehaltes in vertikaler Richtung nicht durch Änderungen in horizontaler Richtung verfälscht werden. Wie sich durch folgende Überlegung zeigen läßt, ist von der Bodenbeschaffenheit her die Voraussetzung gegeben. Die mittleren Windgeschwindigkeiten in 120 m Höhe, welche die höchsten Beträge aufweisen, liegen zwischen 2 m/sec und 11 m/sec. Die Meßdauer zur Ermittlung eines Ozonprofils beträgt 47 Minuten.

Aus diesen Werten ergeben sich für die Strecke, welche die betrachtete Luftmasse während der Meßdauer zurückgelegt hat, Weglängen zwischen 5,6 km und 31 km. Diese Strecke kann als klein gegen die Ausmaße des Gebietes mit homogenem Bewuchs angesehen werden.

Um zu vermeiden, daß Profile, die durch Staubaerosole oder ozonzerstörende Gase gestört sind, mit zur weiteren Auswertung gelangen, werden folgende Profile ausgeschieden:

1. Profile mit einem geringeren Ozongehalt in 105 m (oberer Haltepunkt) als in 2,5 m (unterer Haltepunkt). Die Ursache dafür ist entweder in einer Änderung des Ozongehaltes in horizontaler Richtung während der Messung oder in einer Fehlmessung des Sensors zu sehen.

2. Profile mit kurzzeitigen starken Änderungen des Ozongehaltes (d.h. eine Änderung um mehr als 40 % in 5 Minuten). Diese werden entweder durch eine Schicht verunreinigter Luft verursacht, die vom Fahrkorb durchfahren wurde, oder es liegt ein Luftmassen-Frontdurchgang vor, wie beobachtet wurde.

3. Profile, die bei instabiler Schichtung in den Dauerregistrierungen Änderungen während des Meßzeitraumes um mehr als 25 % des Anfangswertes aufweisen. In diesen Fällen liegt eine unzureichende Gleichverteilung des Ozons in horizontaler Richtung vor.

Beim Vergleich von Ozonprofilen ist zu beachten, daß bei gleicher Stabilität der Schichtung der Ozongehalt nicht nur eine Funktion der Höhe ist, sondern auch durch den Ozongehalt in den darüberliegenden

4.1

Luftschichten bestimmt wird. Um ein einheitliches Meßmaterial zu erhalten, werden alle Profile auf einen Ozongehalt von 35 ppb in 101,25 m Höhe normiert. Dadurch können bei der Mittelwertbildung Abweichungen, die unterschiedliche Konzentrationen in dieser Höhe verursachen, vermieden werden.

Der Ozonfluß ist, wie Gleichung (3) aus Abschnitt 3 zeigt, eine lineare Funktion der Ozonkonzentration. Eine Berechnung von Flüssen anhand von normierten Profilen ist sinnvoll, da sich die wahren Ozonflüsse bei Kenntnis des wahren Ozongehaltes aus diesen Ergebnissen bestimmen lassen.

Die normierten Profile werden für die folgenden Betrachtungen wieder in Zeitintervalle eingeordnet. Um in jedem Intervall eine statistisch aussagekräftige Anzahl von Profilen zu haben, wird als Intervalllänge die Zeit von 2 Stunden gewählt.

Für die Zweistundenintervalle von 9 bis 21 Uhr erfolgt die Berechnung von Durchschnittsprofilen. Diese Profile sind in den Abbildungen 7 bis 12 dargestellt. In den Diagrammen sind aus Gründen der übersichtlichen Darstellung keine Vertrauensgrenzen für die Mittelwerte eingezeichnet.

In der folgenden Tabelle sind für die einzelnen Profile die Abstände s_{O_3} aufgeführt, in denen die Vertrauensgrenzen von dem Mittelwert liegen. Für verschiedene Höhenstufen sind jeweils Mittelwerte der Abstände angegeben. Die Irrtumswahrscheinlichkeit beträgt 5 %.

Tabelle 1

Abstände der Vertrauensgrenzen von den Mittelwerten

Höhenbereich [m]	s_{O_3} [ppb]					
	9 - 11	11 - 13	13 - 15	15 - 17	17 - 19	19 - 21
2,5 - 20	0,83	0,54	0,52	0,61	1,51	2,08
20 - 40	0,87	0,56	0,44	0,56	0,62	1,51
40 - 70	0,68	0,40	0,46	0,46	0,49	0,84
70 - 100	0,47	0,38	0,37	0,40	0,38	0,52

Wie die Diagramme 7 bis 12 zeigen, können die für die Zweistundenintervalle von 11 bis 13 Uhr, von 13 bis 15 Uhr, von 15 bis 17 Uhr und von 17 bis 19 Uhr berechneten Profile über den ganzen untersuchten Höhenbereich durch eine logarithmische Kurve beschrieben werden. Bei dem für das Zweistundenintervall von 9 bis 11 Uhr bestimmten Profil (Abbildung 7) ist eine derartige Beschreibung nur in den Höhenstufen 2,5 bis 50 m und 50 m bis 101,25 m möglich. Das für die Zeit von 17 bis 19 Uhr ermittelte Profil (Abbildung 11) läßt sich nur für die Höhenstufen 2,5 bis 15 m und 15 m bis 101,25 m durch eine logarithmische Kurve beschreiben.

Bemerkenswert ist die sehr gute Übereinstimmung der drei mittleren Vertikalprofile aus den Zweistundenintervallen von 11 bis 13 Uhr, von 13 bis 15 Uhr und von 15 bis 17 Uhr. Die Abweichungen der Profile voneinander belaufen sich über den gesamten Höhenbereich auf maximal 1 ppb. Bei dieser Gruppe von Profilen beträgt jeweils die Differenz des Ozongehaltes zwischen 101,25 m und 2,5 m Höhe 2,4 ppb. Dieser Profiltyp kennzeichnet die gute Durchmischung der bodennahen Atmosphäre in dem gesamten Zeitraum. Die Gestalt des für die Zeit von 9 bis 11 Uhr berechneten Durchschnittsprofils ist auf eine weniger starke Durchmischung zurückzuführen. Die in Abbildung 6 dargestellten Windprofile bestätigen diese Aussage. Simultan tritt in diesem Zweistundenintervall in 120 m Höhe die maximale Windgeschwindigkeit während des Tages auf. Dies deutet auf eine nur schwach ausgeprägte Kopplung der Windströmung in 120 m Höhe mit den Windströmungen in tieferliegenden Luftschichten hin. Das bedeutet eine Behinderung des Austausches von Impuls und Ozon.

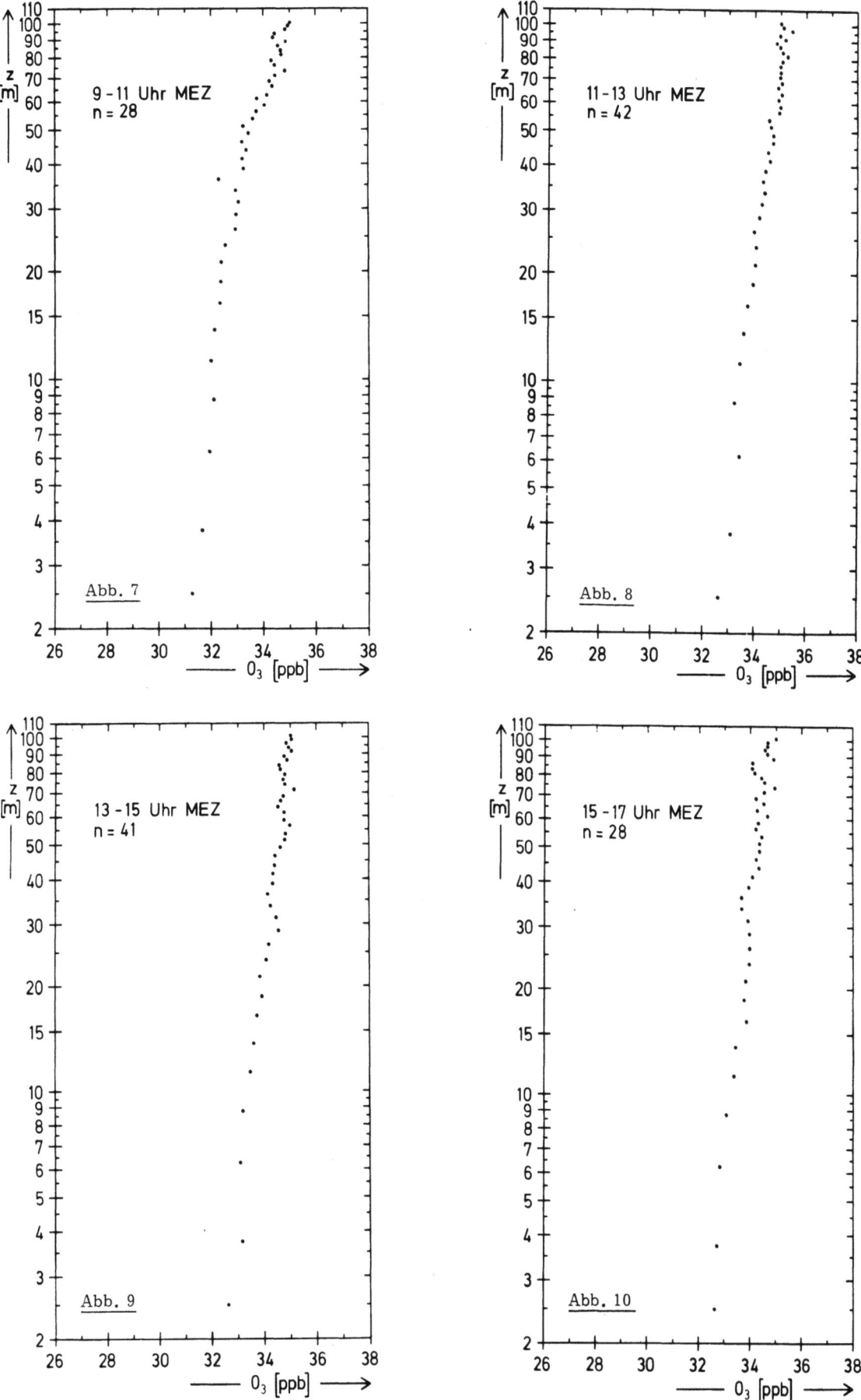

Abb. 7

Abb. 8

Abb. 9

Abb. 10

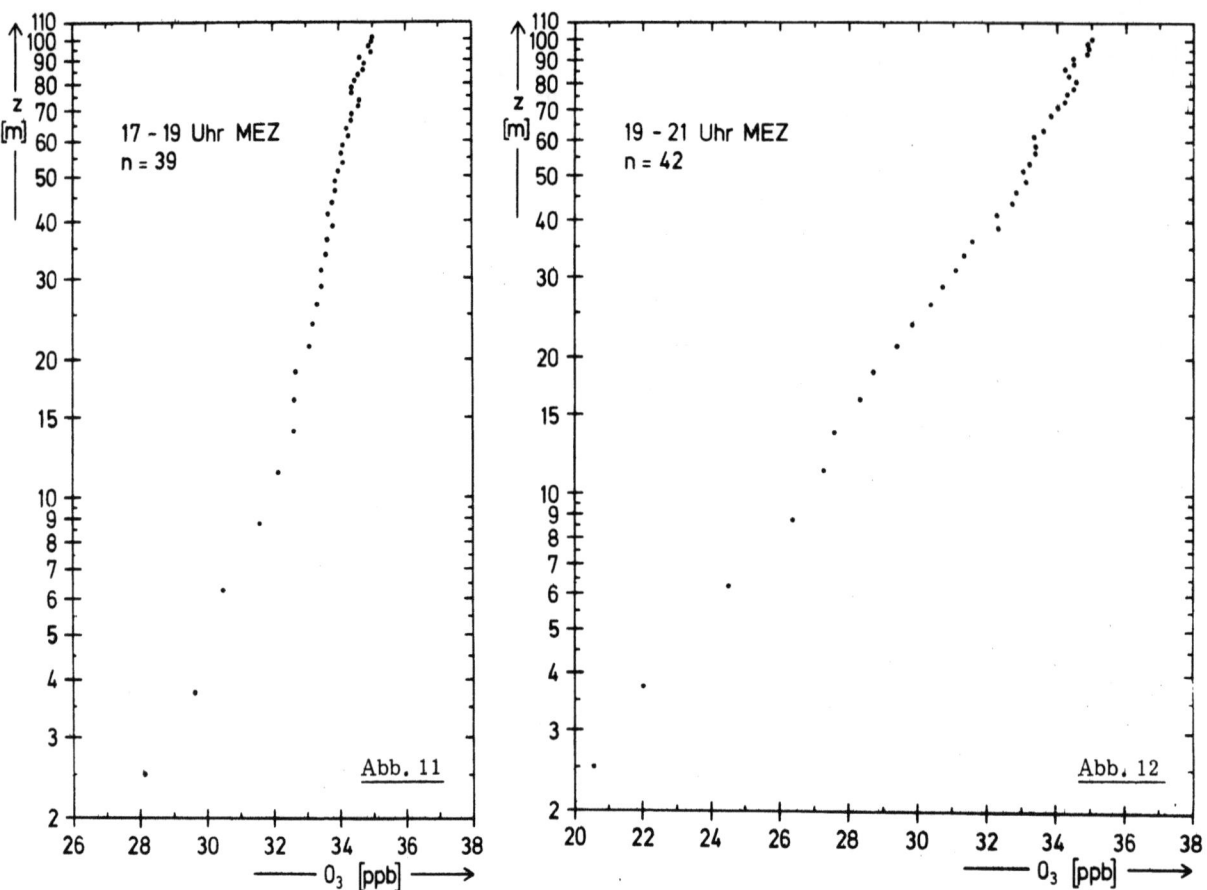

Abbildungen 7 bis 12:

Mittlere Vertikalprofile der Ozonkonzentration zu verschiedenen Tageszeiten, normiert auf 35 ppb in 101,25 m Höhe.

Als Ursache für den vergleichsweise flacheren Verlauf der Profile für die Zeiträume von 17 bis 19 Uhr und von 19 bis 21 Uhr ist der Aufbau einer Inversionsschicht und der dadurch verminderte Austausch anzusehen. Als Folge davon stellen sich mit 6,9 ppb bzw. 14,4 ppb relativ große Differenzen des Ozongehaltes zwischen 101,25 m und 2,5 m ein.

4.2 Berechnung der spezifischen Ozonzerstörungsrate und Diskussion der erzielten Ergebnisse

In Abschnitt 3 war für die spezifische Ozonzerstörungsrate die folgende Beziehung

$$q = \frac{(M - M_1) \cdot C_D \cdot u_1}{\frac{M_1 \cdot C_D}{b \cdot K^2} \cdot \ln(\frac{z_1}{z_0}) \cdot \ln(\frac{z}{z_1}) - (M - M_1)} \tag{13}$$

abgeleitet worden. Da die Größen C_D und z_0 in der Literatur im allgemeine für eine Höhe von 10 m angegeben werden, wird $z_1 = 10$ m gewählt. u_1 ist entsprechend die in 10 m Höhe gemessene Windgeschwindigkeit, und M_1 ist der in dieser Höhe gemessene Ozongehalt. Für die zweite Höhe wird aus technischen Gründen die Höhe z = 2,5 m gewählt. M ist dann der in 2,5 m Höhe gemessene Ozongehalt. Auf den Fehler, der durch die vereinfachende Annahme über den turbulenten Diffusionskoeffizienten von Impuls beim Betrachten dieses Höhenintervalls verursacht wird (siehe Abschnitt 3), wird im Rahmen der Fehlerbetrachtung eingegangen.

Um einen Überblick über die Stabilität der untersuchten Luftschicht zu den einzelnen Tageszeiten zu haben, wird für die einzelnen Zweistundenintervalle von 9 bis 21 Uhr die Richardson-Zahl Ri für 10 m Höhe berechnet. Sie ist definiert als

$$Ri = \frac{g}{T} \cdot \frac{\frac{\partial \bar{\theta}}{\partial z}}{(\frac{\partial \bar{u}}{\partial z})^2} \quad . \tag{14}$$

Dieses Stabilitätskriterium gibt die Möglichkeit, zahlenmäßige Angaben über die dynamische Stabilität der vorliegenden Schichtung zu machen.

Für die Berechnung der Richardson-Zahlen werden die von WALK [1972] für den Zeitraum Oktober 1970 bis März 1971 aus Windmessungen in Tsumeb ermittelten Differenzenquotienten der Windgeschwindigkeit herangezogen. Es erschien sinnvoller, diese Resultate anstelle der während des Meßzeitraumes erzielten Ergebnisse zu verwenden, da die simultane Windregistrierung in 15 m Höhe in 65 % aller Fälle einen Ausfall zeigte und die Windregistrierungen der anderen Höhen aus demselben Grund ebenfalls nicht vollständig vorliegen. Die von WALK angegebenen Werte können aufgrund der Jahreszeit, für die sie ermittelt wurden, als repräsentativ für den Meßzeitraum angesehen werden. Die weiterhin benötigten aktuellen Temperaturen sowie Gradienten der potentiellen Temperatur werden mit Hilfe von Durchschnittstemperaturprofilen ermittelt. Diese Durchschnittstemperaturprofile sind analog zu den Durchschnittsozonprofilen für die einzelnen Zweistundenintervalle berechnet worden.

Wie Abbildung 13 zeigt, liegt nur für die Zweistundenintervalle zwischen 9 und 17 Uhr instabile Schichtung vor. Für diesen Zeitraum kann die spezifische Ozonzerstörungsrate mit Hilfe von Beziehung (13) berechnet werden. Diese Möglichkeit ist dagegen nicht für die Zeit nach 17 Uhr wegen der dann vorliegenden stabilen Schichtung gegeben.

Für die Berechnung werden die Ozonwerte aus dem Bereich von 2,5 bis 11,25 m herangezogen. Um den Einfluß der unterschiedlichen Ozonkonzentration in 11,25 m Höhe auf die Durchschnittsprofile auszuschalten, werden alle Profile, die für die Auswertung noch brauchbar sind, auf einen Wert von 30 ppb in 11,25 m Höhe normiert. Alle Profile, die in 2,5 m höhere Ozonwerte als in 11,25 m aufweisen, werden ausgeschieden, da hier entweder noch eine geringe Störung des Profils oder eine Fehlmessung vorliegt. Für jedes der für die Auswertung noch nutzbaren Intervalle

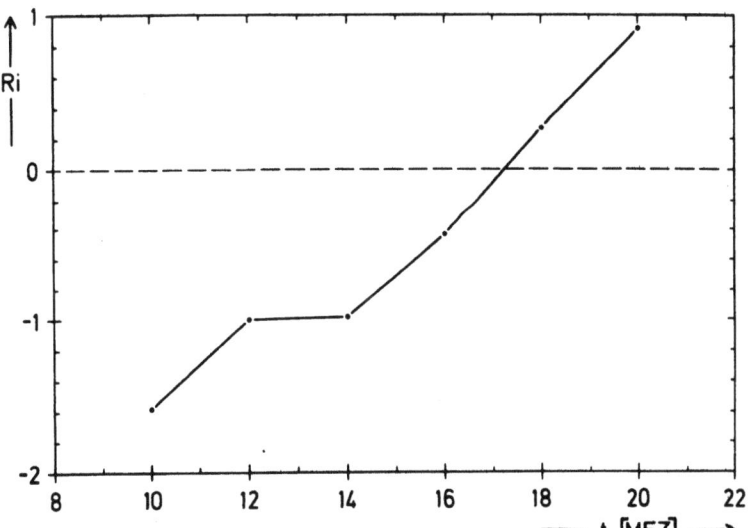

Abb. 13: Tagesgang der mittleren Richardson-Zahl in 10 m Höhe für die Zweistundenintervalle von 9 bis 21 Uhr.

4.2

erfolgt wieder die Berechnung eines Durchschnittsprofils. Das Ergebnis ist in den folgenden Abbildungen dargestellt.

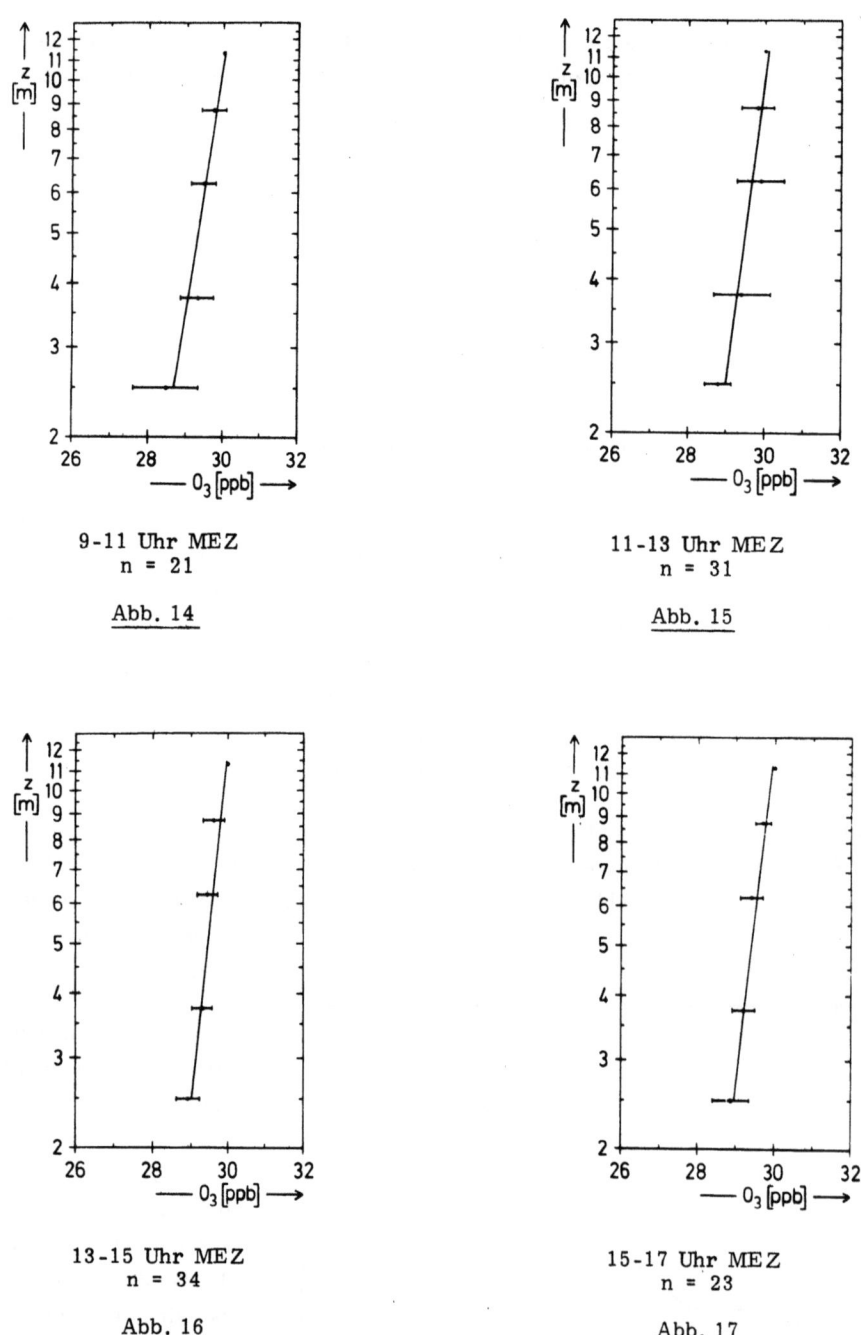

Abb. 14 bis 17: Höhenprofile der Ozonkonzentration zu verschiedenen Tageszeiten, normiert auf 30 ppb in 11,25 m Höhe. Weitere Erläuterungen im Text.

Die Abbildungen 14 bis 17 zeigen, inwieweit sich die mittleren Ozonprofile durch logarithmische Profile annähern lassen. Durch die waagerechten begrenzten Linien sind die Vertrauensbereiche der einzelnen Mittelwerte mit 5 % Irrtumswahrscheinlichkeit angegeben. Die in jedes Diagramm eingezeichnete

Gerade stellt das logarithmische Profil dar, durch welches das aus den Meßwerten bestimmte Profil nach der Methode der kleinsten Quadrate angenähert wird.

Zur Bestimmung der für die weitere Rechnung benötigten Schubspannungsgeschwindigkeit wird zunächst zu jedem Ozonprofil mit Hilfe der vorliegenden simultan erfolgten Windregistrierungen die Windgeschwindigkeit in 10 m Höhe abgeschätzt. Aus diesen Werten errechnet sich für jedes Zweistundenintervall eine durchschnittliche Windgeschwindigkeit u_1, die zur Berechnung der Schubspannungsgeschwindigkeit mit dem in Abschnitt 3 angeführten Ansatz (Gleichung (6)) benutzt wird. Der dafür noch benötigte Rauhigkeitsparameter z_0 wird gleich (30 ± 10) cm gesetzt. Dieser Wert erscheint realistisch, da man nach KRAUS [1970] als grobes Maß für den Rauhigkeitsparameter etwa ein Zehntel der Höhe der Bodenrauhigkeit rechnet. Die Werte der Windgeschwindigkeit und der Schubspannungsgeschwindigkeit sind für die Zweistundenintervalle in Tabelle 2 aufgeführt.

Die Berechnung der ebenfalls benötigten Stabilitätslänge erfolgt mit den schon für die Berechnung der Richardson-Zahlen benutzten Daten sowie den für die Schubspannungsgeschwindigkeiten ermittelten Werten. Dabei wird das Verhältnis K_h/K_m aufgrund der bei KRAUS [1970] zu findenden Werte gleich 2,25 gesetzt. Mit diesen Ergebnissen errechnen sich für den Korrekturfaktor b die in Tabelle 2 dargestellten Werte.

Nach DEARDORFF [1968] ergibt sich der Transportkoeffizient für Impuls bei instabiler Schichtung nach der folgenden Beziehung

$$C_D = (C_D)_N \cdot \left\{ 1 - \frac{(C_D)_N^{\frac{1}{2}}}{K} \left[\ln\left(\frac{1+x^2}{2}\right) + 2 \cdot \ln\left(\frac{1+x}{2}\right) - \frac{2}{\tan(x)} + \frac{\pi}{2} \right] \right\}^{-2}$$

mit

$$x = \left(1 - 16 \frac{z}{L_*}\right)^{\frac{1}{4}}$$

Für den Transportkoeffizienten im neutralen Fall $(C_D)_N$ wird ein Wert von $0,00165 \pm 0,00015$ gewählt. Die sich mit z = 10 m ergebenden Werte für die Transportkoeffizienten bei instabiler Schichtung sind in Tabelle 2 aufgeführt. Der Fehler dieser Ergebnisse wird mit $\pm 20\%$ abgeschätzt.

Die zur Berechnung der spezifischen Ozonzerstörungsrate erforderlichen Ozonwerte werden mit Hilfe der in den Abbildungen 14 bis 17 eingezeichneten logarithmischen Profilen bestimmt.

Zeit [MEZ]	u_1 [$\frac{cm}{sec}$]	b	C_D	M_1 [ppb]	M [ppb]	u_* [$\frac{cm}{sec}$]	$-L_*$ [cm]
9-11	459	1,246	0,00269	29,91	28,65	53,6	4651
11-13	499	1,280	0,00245	30,03	29,00	58,3	6668
13-15	412	1,316	0,00256	29,84	29,02	48,0	5616
15-17	396	1,189	0,00221	29,85	28,97	46,2	11298

Tabelle 2: Zusammenstellung der für die Berechnung der spezifischen Ozonzerstörungsrate benötigten Größen (u_* und L_* sind der Vollständigkeit halber noch angegeben).

Mit Hilfe der in Tabelle 2 angeführten Werte lassen sich für die spezifische Ozonzerstörungsrate die in Tabelle 3 angegebenen Resultate errechnen.

4.2

Diese Ergebnisse sind mit Fehlern behaftet, die auf folgende Ursachen zurückzuführen sind:

1. Ungenauigkeit der meteorologischen Größen C_D und z_O.
2. Streuung der Windgeschwindigkeitswerte, die zur Bestimmung der mittleren Windgeschwindigkeit verwendet worden sind.
3. Vereinfachende Annahmen über den turbulenten Diffusionskoeffizienten von Impuls. Diese Annahmen erfolgten bei der Ableitung der Beziehung (13).
4. Abweichungen des ermittelten Durchschnittsozonprofiles von dem logarithmischen Profil.

Da die Ursachen teilweise systematisch und teilweise statistisch sind, ist nur eine Bestimmung der absoluten Größtfehler der einzelnen Ergebnisse sinnvoll.

Die Fehler der Größen C_D und z_O sind schon in diesem Kapitel aufgeführt worden.

Als Fehler der mittleren Windgeschwindigkeit wird der mittlere Fehler dieses Durchschnittswertes angesehen. Der Fehler errechnet sich als Quotient aus der Standardabweichung und der Wurzel aus der Anzahl der Meßwerte.

Der Fehler, welcher durch vereinfachende Annahmen über den turbulenten Diffusionskoeffizienten von Impuls entsteht, wird wie folgt bestimmt. In Abschnitt 3 wird die von KRAUS [1970] für den erwähnten Diffusionskoeffizienten angegebene Beziehung (Gleichung (5)) vereinfacht, indem der Klammerausdruck für den betrachteten Höhenbereich gleich einer Konstanten b gesetzt wird. Die maximale Abweichung dieser Konstanten von dem genau errechneten Klammerausdruck wird als Fehler angesehen.

Als Fehler der Ozonwerte wird der Fehler betrachtet, der sich aus der Ermittlung dieser Größen mit Hilfe der Regressionsgeraden ergibt.

Die Bestimmung der absoluten Größtfehler Δq der spezifischen Ozonzerstörungsrate geschieht nach folgender Gleichung

$$\Delta q = \left| \frac{\partial q}{\partial M_1} \cdot \Delta M_1 \right| + \left| \frac{\partial q}{\partial M} \cdot \Delta M \right| + \left| \frac{\partial q}{\partial z_O} \cdot \Delta z_O \right| + \left| \frac{\partial q}{\partial C_D} \cdot \Delta C_D \right| + \left| \frac{\partial q}{\partial b} \cdot \Delta b \right| + \left| \frac{\partial q}{\partial u_1} \cdot \Delta u_1 \right|. \tag{15}$$

Bei der Zusammenfassung der oben aufgeführten Fehler ergeben sich die in der folgenden Tabelle aufgeführten Resultate:

Zeit [MEZ]	q [cm/sec]	Δq [cm/sec]
9-11	2,64	8,73
11-13	2,03	4,10
13-15	1,04	0,77
15-17	1,10	0,65

Tabelle 3: Spezifische Ozonzerstörungsrate für die betrachteten Zweistundenintervalle und Ergebnisse der Fehlerbetrachtung

Da bei den für die Zeit von 9 bis 13 Uhr ermittelten Resultaten die absoluten Größtfehler größer als die zugehörigen Ergebnisse der spezifischen Ozonzerstörungsrate sind, werden diese ausgeschieden. Die großen Beträge der Fehler sind auf die Tatsache zurückzuführen, daß in diesem Zeitraum die bei der Ableitung der Beziehung (13) erfolgten Modellannahmen den meteorologischen Gegebenheiten nur unzureichend angepaßt sind. Die aus den Daten der Zweistundenintervalle 13 bis 15 Uhr und 15 bis 17 Uhr gewonnenen Werte der spezifischen Ozonzerstörungsrate stimmen gut mit dem von GALBALLY [1971] angegebenen Wert (q = 1,0 cm/sec) überein. Dieser Wert ist von dem Autor für den Oberflächentyp trockener Erdboden bedeckt mit "Klumpen von trockenem Gras" bestimmt worden. Der von ALDAZ [1969] für dieselbe Vegetationsform angegebene Wert der spezifischen Ozonzerstörungsrate (q = 0,52 cm/sec) liegt noch in dem Bereich der Fehlergrenzen. Eine genauere Betrachtung der einzelnen in Beziehung (15) auftretenden Anteile des absoluten Größtfehlers zeigt, daß nur die Fehler der Ozonwerte und des Korrekturfaktors ins Gewicht fallen. Dagegen haben die Fehler der Windgeschwindigkeit sowie die der meteorologischen Parameter einen geringen Anteil am absoluten Größtfehler. Die Fehler der Ozonwerte und des Korrekturfaktors sind umso kleiner, je genauer sich das Ozonprofil durch ein logarithmisches Profil annähern läßt und je größer die Stabilitätslänge L_* ist. Diese beiden Bedingungen sind im Falle neutraler Schichtung am besten erfüllt. Die für die Berechnung der spezifischen Ozonzerstörungsrate benutzte Beziehung (13) liefert in diesem Fall die Ergebnisse mit kleinstem Fehler.

Als repräsentativer Wert für die spezifische Ozonzerstörungsrate über Buschsteppe wird der Mittelwert der beiden Werte für die Zeit von 13 bis 15 Uhr und von 15 bis 17 Uhr betrachtet. Es beträgt q = 1,07 cm/sec. Für den Fehler dieses Resultates ergibt sich ein Wert von ± 50%.

4.3 Berechnung der Ozonflüsse und Diskussion der Ergebnisse

Nach Abschnitt 3 können die abwärts gerichteten Ozonflüsse aus den folgenden Beziehungen bestimmt werden:

$$F = \frac{q \cdot M_1}{1 + \frac{q}{C_D \cdot u_1}} \qquad (3)$$

$$F = \frac{u_1 \cdot K^2 \cdot b \cdot z}{\ln(\frac{z_1}{z_0})} \cdot \frac{dM}{dz} \qquad (10)$$

Gleichung (3) geht auf einen Ansatz nach Gleichung (1) in Abschnitt 3 zurück. Diese Gleichung (1) kann als Analogie zum Ohmschen Gesetz verstanden werden (Ozonfluß ≙ Strom, Differenz der Ozonkonzentrationen ≙ Spannung, Produkt aus Windgeschwindigkeit und Transportkoeffizient ≙ Widerstand).

Die Gleichung (10) stellt dagegen ein Pendant zum 1. Fickschen Gesetz dar.

Zur Berechnung der spezifischen Ozonzerstörungsrate q ist die Gleichung (3) einfacher als Gleichung (10) zu handhaben, da für die Anwendung der Gleichung (10) die Kenntnis des Ozonprofils erforderlich ist. Zur Anwendung von Gleichung (3) ist dagegen lediglich die Kenntnis der Ozonkonzentration in einer bestimmten Höhe, z.B. in 10 m Höhe erforderlich.

Da in der betrachteten Luftschicht die Flüsse konstant sind, ergibt sich aus der Berechnung dieser Ozonflüsse die Ozonzerstörung am Erdboden.

Zur besseren Absicherung der Ergebnisse werden die Ozonflüsse nach beiden Gleichungen berechnet. Die Beziehung (10) ist nur für den Fall instabiler Schichtung anwendbar, während Gleichung (3) sowohl für stabile als auch instabile Schichtung gilt. Nach Abbildung 13 beträgt der Wert der Richardson-Zahl für die Zeit von 17 bis 19 Uhr 0,27 und ist damit größer als die von FIEDLER [1969] mit Ri_{cr} = 0,25 angegebene kritische Richardson-Zahl. Da in einer Luftschicht mit $Ri > Ri_{cr}$ der turbulente Transport zum Erliegen kommt, ist die Anwendung der auf diesen Transport beruhenden Gleichung (3) nur für die Zeit von 9 bis 17 Uhr möglich.

a) Berechnung des Ozonflusses mit Gleichung (3)

Die Berechnungen werden mit Hilfe der in Abschnitt 4.1 dargestellten Durchschnittsprofile ausgeführt. Für die spezifische Ozonzerstörungsrate wird der in Abschnitt 4.2 bestimmte Wert $q = 1,07$ cm/sec, für den Transportkoeffizienten von Impuls C_D und für die Windgeschwindigkeit in 10 m Höhe u_1 der für das betreffende Zeitintervall in Tabelle 2 angeführte Wert genommen. Der Ozongehalt in 10 m Höhe M_1 wird aus dem zugehörigen Durchschnittsprofil durch Interpolation zwischen den für 8,75 m und 11,25 m vorliegenden Ozonwerten gewonnen. Mit diesen Daten ergeben sich für die abwärts gerichteten Ozonflüsse die in Tabelle 4 aufgeführten Resultate. Für diese Ergebnisse ist ebenfalls nur die Angabe eines absoluten Größtfehlers sinnvoll. Er berechnet sich nach der Beziehung

$$\Delta F = \left| \frac{\partial F}{\partial q} \cdot \Delta q \right| + \left| \frac{\partial F}{\partial C_D} \cdot \Delta C_D \right| + \left| \frac{\partial F}{\partial u_1} \cdot \Delta u_1 \right| + \left| \frac{\partial F}{\partial M_1} \cdot \Delta M_1 \right| . \qquad (16)$$

Die Fehler der Werte des Ozongehaltes in 10 m Höhe werden mit ± 3 % abgeschätzt. Für die Fehler der anderen Größen werden dieselben Beträge wie im vorigen Kapitel genommen. Mit diesen Werten ergeben sich für den absoluten Größtfehler die in der folgenden Tabelle angeführten Resultate:

Zeit [MEZ]	F [$10^{10} \frac{\text{Moleküle}}{\text{cm}^2 \text{sec}}$]	ΔF [$10^{10} \frac{\text{Moleküle}}{\text{cm}^2 \text{sec}}$]
9-11	45,5	18,8
11-13	47,1	19,1
13-15	43,9	17,4
15-17	39,7	15,7

Tabelle 4: Ergebnisse der mit Gleichung (3) durchgeführten Berechnung der Ozonflüsse mit Fehlerangabe

Eine genauere Betrachtung der einzelnen in der Gleichung (16) auftretenden Anteile des absoluten Größtfehlers zeigt, daß nur die Fehler der spezifischen Ozonzerstörungsrate und der Fehler des Transportkoeffizienten für Impuls sich im Ergebnis wesentlich bemerkbar machen. Die Fehler der Windgeschwindigkeit und der Ozonkonzentration haben nur einen geringen Anteil.

b) Berechnung des Ozonflusses mit Gleichung (10)

Die Bestimmung der Gradienten der Ozonkonzentration erfolgt gleichfalls mit Hilfe der in Teil a) benutzten Durchschnittsozonprofile. Zu diesem Zweck wird in einem Diagramm mit linearem Höhenmaßstab aus den Ozonwerten der Höhen 8,75 m, 11,25 m und 13,75 m nach der Methode der kleinsten Quadrate eine Gerade ermittelt. Der Gradient ergibt sich als Steigung dieser Geraden. Bei der Fehlerbetrachtung wird der durch die Linearisierung verursachte Fehler berücksichtigt. Für den Rauhigkeitsparameter wird der schon im vorigen Abschnitt verwendete Wert $z_0 = 30$ cm verwendet. Die Windgeschwindigkeiten in 10 m Höhe u_1 und die Korrekturfaktoren b werden für jedes Zeitintervall der Tabelle 2 entnommen. Mit diesen Größen ergeben sich für die Flüsse die in Tabelle 5 dargestellten Ergebnisse. Der absolute Größtfehler zu diesen Ergebnissen berechnet sich nach

$$\Delta F = \left| \frac{\partial F}{\partial u_1} \cdot \Delta u_1 \right| + \left| \frac{\partial F}{\partial b} \cdot \Delta b \right| + \left| \frac{\partial F}{\partial z_0} \cdot \Delta z_0 \right| + \left| \frac{\partial F}{\partial (\frac{dM}{dz})} \cdot \Delta (\frac{dM}{dz}) \right| . \qquad (17)$$

Der Fehler bei der Bestimmung der Gradienten der Ozonkonzentration nach dem beschriebenen Verfahren wird mit ± 10 % abgeschätzt. Die Fehler der anderen Werte werden ebenfalls aus dem vorigen Kapitel übernommen. Die mit diesen Werten berechneten absoluten Größtfehler sind in der folgenden Tabelle zu finden.

Zeit [MEZ]	F [10^{10} $\frac{\text{Moleküle}}{\text{cm}^2 \text{ sec}}$]	ΔF [10^{10} $\frac{\text{Moleküle}}{\text{cm}^2 \text{ sec}}$]
9-11	17,2	8,0
11-13	38,4	13,2
13-15	50,6	16,3
15-17	38,2	10,2

Tabelle 5: Ergebnisse der mit Gleichung (10) durchgeführten Berechnung der Ozonflüsse mit Fehlerangabe.

Die in Gleichung (17) auftretenden Anteile des absoluten Größtfehlers sind alle von der gleichen Größenordnung.

Die Berechnungen zeigen, daß die mit Hilfe beider Gleichungen für jedes Zeitintervall ermittelten Flüsse bis auf die Zeit von 9 bis 11 Uhr im Rahmen der Fehlergrenzen übereinstimmen. Die große Abweichung bei dem nach Gleichung (10) für dieses Zeitintervall bestimmten Fluß ist auf die zwischen 8,75 m und 11,25 m auftretende Zunahme des Ozongehaltes zurückzuführen. Diese Zunahme macht sich bei der Bestimmung des Gradienten bemerkbar. Da das Profil mit den anderen Profilen in den Ozonwerten (Abweichungen kleiner als 2 ppb) und unterhalb 50 m in der Form weitgehend übereinstimmt, wird der niedrige Wert ausgeschieden.

Da die wahren Ozonkonzentrationen in 11,25 m Höhe von den Ozonkonzentrationen der zur Rechnung benutzten normierten Profile nur geringfügig abweichen (die Unterschiede liegen in der Größenordnung 1 ppb), wird auf die Umrechnung der Flüsse auf die wahren Ozonkonzentrationen verzichtet. Das erscheint gerechtfertigt, da der durch dieses Vorgehen verursachte Fehler klein gegen die Fehler ist, mit denen die Flüsse behaftet sind. Da die einzelnen Werte im Rahmen der Fehlergrenzen übereinstimmen, wird das Mittel der sieben errechneten Flüsse als repräsentativ für die Zeit von 9 bis 17 Uhr angesehen. Es beträgt

$$F = 43,34 \cdot 10^{10} \text{ [Moleküle/cm}^2 \text{ sec]} .$$

Für die Standardabweichung dieser Flüsse ergibt sich der Wert

$$s = \pm 4,75 \cdot 10^{10} \text{ [Moleküle/cm}^2 \text{ sec]} .$$

Führt man die gleiche Rechnung mit der von ALDAZ [1969] angegebenen Ozonkonzentration ($40 \cdot 10^{-6}$ g Ozon je m^3 Luft) durch, so ergibt sich ein Wert von F = $27,4 \cdot 10^{10}$ Moleküle/cm^2 sec.

Dieses Ergebnis stimmt mit dem von Aldaz für Sand und trockenes Gras angegebenen Wert (F = $26,5 \cdot 10^{10}$ Moleküle/cm^2 sec) gut überein.

Für die Zeit von 17 bis 19 Uhr wird die Ozonzerstörung am Boden nach dem folgenden Verfahren abgeschätzt, das auf Überlegungen von PRUCHNIEWICZ [1973] zurückgeht. Im Zeitintervall 16 bis 17 Uhr liegt, wie die in Abbildung 4 dargestellten Temperaturgänge zeigen, noch instabile Schichtung vor. Daher ist mit guter Durchmischung der ganzen betrachteten Luftschicht zu rechnen. Im nächsten Stundenintervall (17 bis 18 Uhr) tritt eine Änderung der Stabilität ein, und in der Zeit von 18 bis 19 Uhr liegt eine stabile Schichtung vor. Der durch den turbulenten Transport verursachte Ozonfluß ist jetzt unterbunden. Deshalb ist die Annahme berechtigt, daß nach Änderung der Stabilität der Schichtung aus den Luftschichten über 100 m kein Ozon mehr in die darunterliegenden Luftschichten strömen kann. Aufgrund dieser Bedingungen ist die Abnahme des Ozongehaltes in den Luftschichten unterhalb der Höhe 100 m ein Maß für die während der Beobachtungszeit am Erdboden stattfindende Ozonzerstörung.

Um nach diesem Verfahren eine quantitative Bestimmung der Ozonzerstörung vorzunehmen, bedient man sich zweckmäßigerweise der auf 35 ppb in 101,25 m Höhe normierten Profile. Die Profile werden erneut in Stundenintervalle eingeordnet und es wird jeweils ein Durchschnittsprofil berechnet.

Bezeichnet man mit $O_3(z,t)$ den Ozongehalt in Molekülen je cm^3 zur Zeit t in der Höhe z, so läßt sich die Anzahl der Moleküle $S_{O_3}(t)$ einer Luftsäule mit der Grundfläche A und der Höhe z_1 wie folgt berechnen

$$S_{O_3}(t) = A \cdot \int_0^{z_1} O_3(z,t)\,dz \qquad (18)$$

Diese Berechnung sei für die Zeiten t_1 und t_2 möglich. Es sei vorausgesetzt, daß während der Zeit $t_2 - t_1$ aus den Luftschichten oberhalb der Höhe z_1 keine Ozonmoleküle in die betrachtete Luftsäule gelangen. Dann gilt für die Anzahl der Moleküle, die in der Zeit $t_2 - t_1$ am Boden zerstört werden

$$\begin{aligned}\Delta O_3(t_2-t_1) &= S_{O_3}(t_1) - S_{O_3}(t_2) \\ &= A \cdot \left[\int_0^{z_1} O_3(z,t_1)\,dz - \int_0^{z_1} O_3(z,t_2)\,dz\right] \\ &= A \int_0^{z_1} \left[O_3(z,t_1) - O_3(z,t_2)\right] dz\end{aligned} \qquad (19)$$

Für die Ozonzerstörung am Boden ergibt sich dann

$$F = \frac{\Delta O_3(t_2-t_1)}{A \cdot (t_2-t_1)} = \frac{\int_0^{z_1} \left[O_3(z,t_1) - O_3(z,t_2)\right] dz}{t_2 - t_1} \qquad (20)$$

Für die Abschätzung des Ozonflusses F wird als Anfangszustand (Zeitpunkt t_1) das für das Stundenintervall 16 bis 17 Uhr errechnete Durchschnittsprofil, als Endzustand (Zeitpunkt t_2) das für das Intervall 18 bis 19 Uhr ermittelte Durchschnittsprofil gewählt. Die Differenz der Ozonbeträge $O_3(z,t_1) - O_3(z,t_2)$ läßt sich für die Höhen 2,5 m, 3,75 m, 6,25 m usw. direkt aus den Ozonwerten der Profile errechnen. Zur Bestimmung der Differenz $O_3(0,t_1) - O_3(0,t_2)$ am Boden wird angenommen, daß im Anfangszustand wegen der guten Durchmischung der Ozongehalt am Boden gleich dem in 2,5 m Höhe ist. Im Endzustand ist in Bodennähe alles Ozon abgebaut. Der Integralwert in Beziehung (20) wird mit

Hilfe der für die jeweiligen Höhen erzielten Differenzen auf graphischem Wege ermittelt. Für die Zeit $t_2 - t_1$ wird ein Wert von 90 Minuten angenommen. Die Festlegung des Zeitintervalls ist dadurch begründet, daß der Aufbau einer Inversion erst in der Zeit von 17 bis 18 Uhr beginnt (siehe Abbildung 4). Mit diesen Werten ergibt sich für den Ozonfluß in den Boden für die Zeit von 17 bis 19 Uhr

$$F = 5,6 \cdot 10^{10} \text{ [Moleküle/cm}^2 \text{ sec]} .$$

Für die Zeit nach 19 Uhr ist wegen der großen Stabilität der Schichtung (siehe Abbildung 13) eine Bestimmung des abwärtsgerichteten Ozonflusses nicht mehr möglich. Auch eine Abschätzung der Ozonzerstörung nach dem oben beschriebenen Verfahren ist nicht mehr durchführbar. Der noch verbleibende Ozonfluß kann jedoch wegen des weitgehenden Wegfalls des durch turbulente Diffusion verursachten Transports als sehr klein gegen den Fluß angesehen werden, welcher sich während der Tagesstunden errechnet.

Zusammenfassend läßt sich unter Verwendung der erzielten Ergebnisse der durchschnittliche Ozonfluß wie folgt abschätzen.

Der abwärts gerichtete Ozonfluß beträgt in der Zeit von 9 bis 17 Uhr $43,34 \cdot 10^{10}$ [Moleküle/cm^2 sec]. Von Sonnenaufgang (etwa 5.30 Uhr) bis 9 Uhr ist der Ozonfluß wegen der vergleichsweise schwach ausgeprägten Turbulenz geringer. Zum Zwecke einer groben Abschätzung wird als Wert für den Ozonfluß während dieser Zeit der gleiche Wert angenommen, der sich für die Zeit von 9 bis 17 Uhr errechnet. Für die Zeit von 17 Uhr wird der Ozonfluß gleich Null gesetzt.

Dieses Vorgehen erscheint sinnvoll, da durch die Überbewertung des Ozonflusses in der Zeit von 5.30 bis 9 Uhr die geringe Ozonzerstörung während der Nachtstunden kompensiert wird. Der durchschnittliche Ozonfluß während einer 24 Stunden-Periode kann dann im Meßzeitraum mit dem Wert

$$\bar{F} = 19,9 \cdot 10^{10} \text{ [Moleküle/cm}^2 \text{ sec]}$$

abgeschätzt werden.

Die Berechnungen des Ozonflusses während der einzelnen Stundenintervalle und die Abschätzung eines Mittelwertes zeigen, daß die Ozonzerstörung am Erdboden nicht nur von der Zerstörungsrate und von den Ozonkonzentrationen in Bodennähe abhängt, sondern auch in besonderem Maß durch den Transportmechanismus in der bodennahen Luftschicht bestimmt ist. Dies macht sich besonders bei dem Übergang von instabiler zu stabiler Schichtung bemerkbar. Obwohl die Ozonwerte in 2,5 m Höhe sich in der Zeit von 16 bis 19 Uhr nur um 20 % ändern, geht der Ozonfluß um 83 % zurück. Diese starke Änderung des Flusses wird durch den Wegfall des turbulenten Transports verursacht.

Diese Aussage wird auch durch eine Beobachtung von REGENER [1970] bestätigt. Bei den Fluxboxmessungen zur Bestimmung der spezifischen Ozonzerstörungsrate wurde festgestellt, daß die Geschwindigkeit der Ozonabnahme in der Box bei Propellerdrehzahlen unterhalb eines Grenzwertes von der Drehzahl des Propellers in der Box abhängt. Oberhalb dieses Grenzwertes, d.h. im übertragenen Sinne bei einer genügend starken Turbulenz, ist die Geschwindigkeit des Ozonabfalls unabhängig von der Drehzahl des Propellers.

Die Ergebnisse dieses Abschnittes weisen auf die Notwendigkeit hin, bei Abschätzung der globalen Ozonsenke neben der spezifischen Ozonzerstörungsrate auch die für den Transport wichtigen meteorologischen Größen zu betrachten.

4.4 Untersuchung der Austauschvorgänge in der bodennahen Luftschicht

Bei den Ozon-Dauerregistrierungen am Boden ergibt sich die Frage, inwieweit die in Bodennähe gemessenen Ozonwerte für den Ozongehalt der freien Troposphäre repräsentativ sind. In der Literatur findet sich die Hypothese: "Die Tagesmaximalwerte von Ozon erscheinen gewöhnlich gegen Mittag, wenn der vertikale Austausch am stärksten und der Einfluß der Oberfläche weitgehend beseitigt ist. Man kann erwarten, daß diese Werte in Gebieten, die frei von Luftverschmutzung sind, für den Ozongehalt in der ungestörten Troposphäre annähernd repräsentativ sind." [JUNGE, 1962]. Eine Durchsicht der Literatur ergibt, daß eine meßtechnisch fundierte Bestätigung dieser Hypothese noch aussteht.

Dafür wird der Zusammenhang zwischen dem durchschnittlichen Ozongehalt der Luftschicht von 2,5 m bis 10 m und der von 97,5 m bis 105 m bei stabiler und instabiler Schichtung untersucht. Der durchschnittliche Ozongehalt ist dabei das Mittel aller bei dem Profil in der betreffenden Schicht gemessenen Ozonwerte.

Das Ausgangsmaterial für diese Untersuchung besteht aus den Profilen, die den in Abschnitt 4.1 angegebenen Auswahlkriterien genügen. Das Ergebnis ist in Abbildung 18 dargestellt.

Im stabilen Fall weist die schwache Korrelation zwischen dem Ozongehalt der oberen Luftschicht und dem der unteren Luftschicht auf den verminderten Luftmassenaustausch bei dieser Schichtung hin.

Im instabilen Fall liegt bekanntlich ein guter Austausch vor. Aus der Lage der Regressionsgeraden ergibt sich bei dieser Schichtung für die durchschnittliche Ozondifferenz zwischen der oberen und der unteren Luftschicht $\overline{\Delta O_3}$ = 3 ppb.

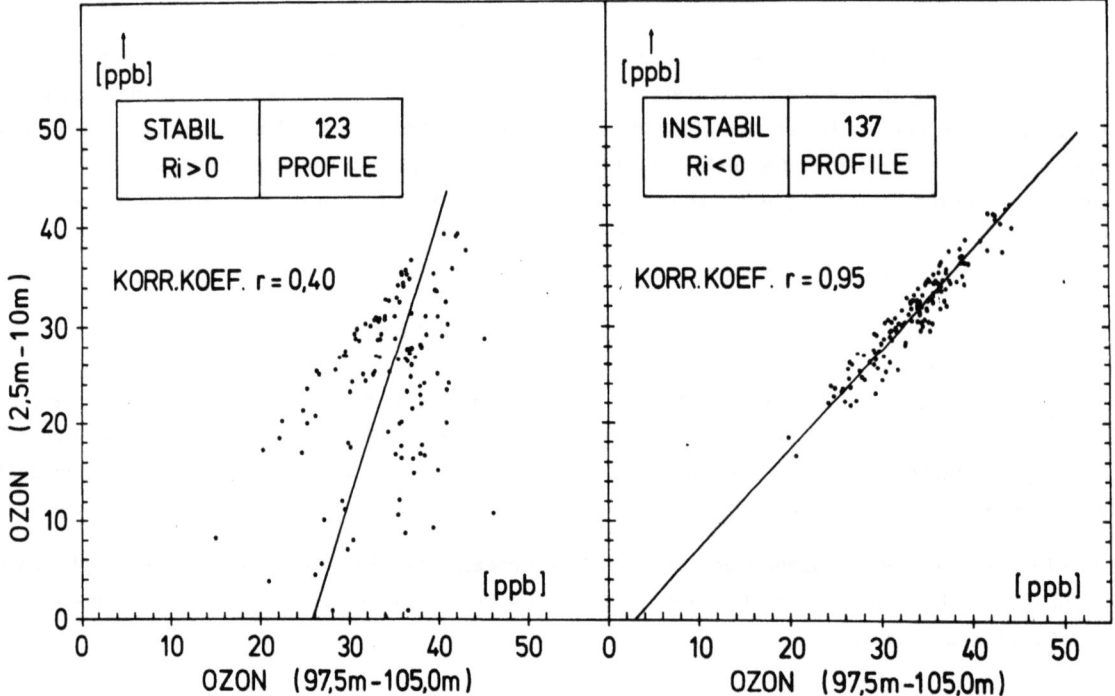

Abb. 18: Korrelation zwischen dem durchschnittlichen Ozongehalt in der Luftschicht von 2,5 m bis 10 m und dem Ozongehalt in der Schicht von 97,5 m bis 105,0 m bei stabiler und instabiler Schichtung.

Da während des Meßzeitraums die Tagesmaximalwerte in 3,75 m Höhe bei 30 ppb lagen, folgt, daß der in Bodennähe gemessene Ozongehalt den Ozongehalt in 100 m Höhe mit 10 % Abweichung wiedergibt. Da außerdem alle Tagesmaxima in dem Diagramm für die instabile Schichtung zu finden sind, kann die Aussage von Junge als bestätigt angesehen werden.

4.5 Vergleich der in Tsumeb und Windhoek gemessenen Ozonwerte

Zur Klärung der Frage, inwieweit die an einem Ort gemessenen Ozonwerte repräsentativ für ein großräumiges Gebiet vom gleichen Landschaftstyp sind, werden die in Abschnitt 4.1 ermittelten Tagesgänge des Ozons in Tsumeb mit den in Windhoek gemessenen Ozonwerten verglichen. Windhoek liegt etwa 380 Kilometer südlich von Tsumeb.

Um einen realistischen Vergleich des Meßmaterials zu ermöglichen, werden für die Untersuchung von den Windhoeker Daten die Ozonwerte der Tage, an denen Messungen in Tsumeb erfolgten, herangezogen. Aus diesen Werten wird ein durchschnittlicher Tagesgang bestimmt. Dieser ist in Abbildung 19 dargestellt. Aus Gründen der besseren Übersicht sind die in Abschnitt 4.1 gezeigten Ozontagesgänge von Tsumeb noch einmal in Abb. 20 daneben aufgeführt.

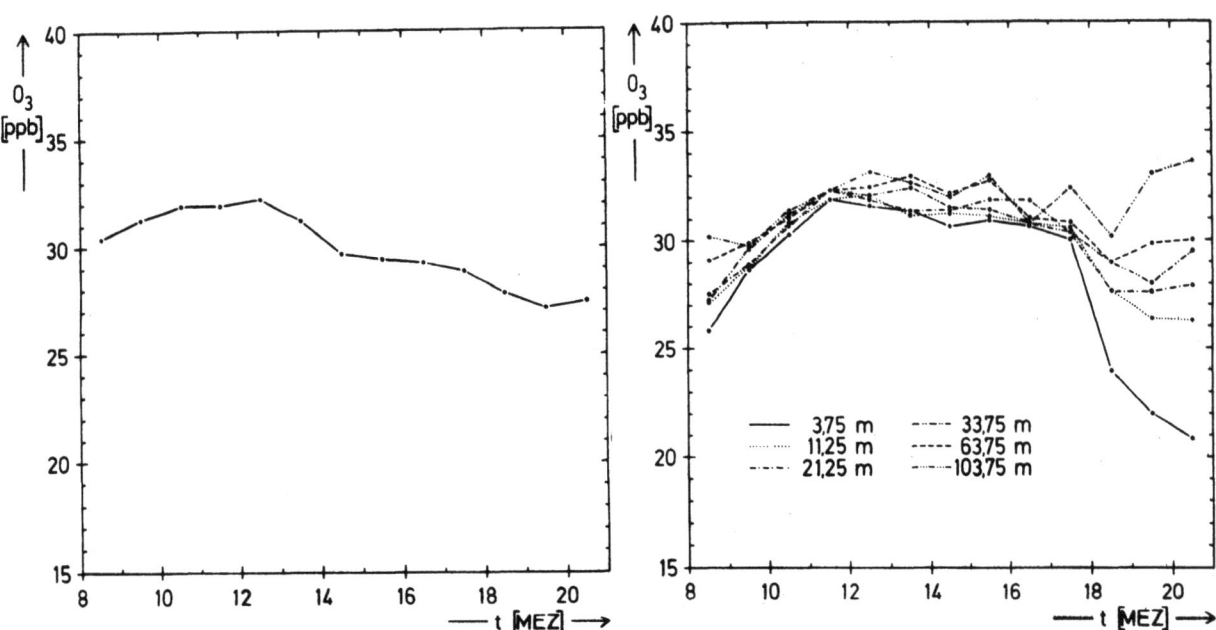

Abb. 19: Tagesgänge des Ozon-Luft-Mischungsverhältnisses in Windhoek zwischen 9 und 21 Uhr

Abb. 20: Tagesgang des Ozon-Luft-Mischungsverhältnisses in Tsumeb zwischen 9 und 21 Uhr in verschiedenen Höhen über dem Meßort

Die in den Abbildungen 19 und 20 gezeigten Tagesgänge unterscheiden sich in ihren Absolutwerten lediglich um einige ppb. Eine genaue Betrachtung zeigt, daß der in Windhoek ermittelte Tagesgang gut mit dem in Tsumeb für die Höhe 21,25 m ermittelten Tagesgang übereinstimmt. Dieses läßt sich mit Hilfe der meteorologischen Gegebenheiten an beiden Orten erklären. Die Station Windhoek liegt am Rande eines Talkessels von mehreren Kilometern Durchmesser. Über dieser Meßstelle können sich, bedingt durch die Lage am Hang (etwa 100 m über dem Talgrund), keine austauschhemmenden Inversionen aufbauen. Daher

4.5

werden an dieser Station nach Sonnenuntergang nicht die gleichen starken Änderungen des Ozongehalts beobachtet, wie sie in Tsumeb in 3,75 m Höhe registriert werden.

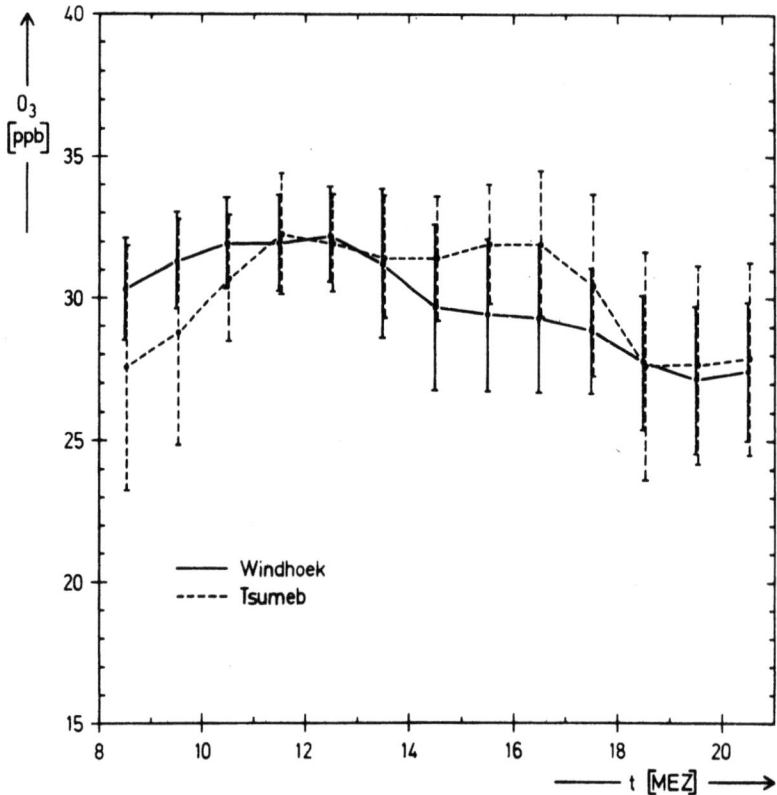

Abb. 21: Tagesgang des Ozon-Luft-Mischungsverhältnisses in Windhoek 3 m über dem Boden und Tsumeb (21,25 m über dem Boden)

Abbildung 21 verdeutlicht noch einmal die Gleichartigkeit der in Windhoek und Tsumeb für die Höhe von 21,25 m ermittelten Tagesgänge. Durch die senkrechten Linien werden die Vertrauensgrenzen für die Mittelwerte mit 5% Irrtumswahrscheinlichkeit bezeichnet. Die Unterschiede zwischen den beiden Tagesgängen erweisen sich, abgesehen vom Stundenintervall 8 bis 9 Uhr, als nicht signifikant.

Dieses Ergebnis zeigt, daß Windhoek und Tsumeb in gleicher Weise mit ozonreicher Luft versorgt werden, d.h. daß sich beide Orte in einem einheitlichen Zirkulationssystem zwischen oberer und unterer Troposphäre befinden [PRUCHNIEWICZ, 1974]. Daher können für den Meßzeitraum die Windhoeker Messungen als repräsentativ für Tsumeb gelten. Auf weitere mögliche Rückschlüsse soll im Rahmen dieser Arbeit nicht eingegangen werden.

5. Zusammenfassung

Die aus den Ozonprofilmessungen von 2,5 m bis 105 m für die Zweistundenintervalle von 9 bis 21 Uhr ermittelten Durchschnittsprofile zeigen in sehr weitgehendem Maß einen logarithmischen Abfall. Bei zunehmender Stabilität der Schichtung wurde eine Zunahme der Gradienten beobachtet.

Die Berechnung der Ozonzerstörungsrate für Buschsteppe ergab einen Wert von

$$q = (1,07 \pm 0,54) \left[\frac{cm}{sec}\right]$$

Der abwärts gerichtete Ozonfluß konnte für die Zeit von 9 bis 17 Uhr mit Hilfe der Theorie über die während dieser Zeit vorherrschende turbulente Diffusion und für die Zeit von 17 bis 19 Uhr unter Annahmen über die in diesem Zeitintervall stattfindenden Transportvorgänge bestimmt werden. Die Ergebnisse sind $F = 43,34 \cdot 10^{10}$ Moleküle/cm²sec und $F = 5,6 \cdot 10^{10}$ Moleküle/cm²sec. Unter Verwendung dieser Werte ergibt eine Abschätzung für die durchschnittliche Ozonzerstörung während des Meßzeitraums

$$\bar{F} = 19,9 \cdot 10^{10} \ [\text{Moleküle/cm}^2\text{sec}]$$

Eine Korrelationsrechnung zur Untersuchung des Zusammenhangs der Ozonwerte in den Luftschichten von 2,5 m bis 10 m und 97,5 m bis 105 m ergab für den instabilen Fall einen Korrelationskoeffizienten von $r = 0,95$, im stabilen Fall einen von $r = 0,40$. An sämtlichen Meßtagen tritt das Tagesmaximum bei instabiler Schichtung auf.

Ein Vergleich der in Windhoek und der in Tsumeb gemessenen Ozonwerte ergab bis auf einen Fall keine signifikanten Unterschiede.

Summary

The average ozone profiles for the two hour periods from 9 to 21 h, calculated from ozone profile measurements made over the range 2,5 to 105 m are shown to be clearly logarithmic in form. Increasing stability in the layer correlates directly with the gradient of this logarithmic curve.

The calculation of the ozone destruction rate, q, yields the result

$$q = (1,07 \pm 0,54) \left[\frac{cm}{sec}\right]$$

Turbulent diffusion was found to prevail in the time from 9 to 17 h. Making use of turbulent diffusion theory a determination of the downward flux of ozone for this period was possible. For the period from 17 to 19 h the flux was calculated by making an assumption about the prevailing transport mechanism during this period. The resulting values for the fluxes, for these two periods, are $F = 43,34 \cdot 10^{10}$ molecules/cm²sec and $F = 5,6 \cdot 10^{10}$ molecules/cm²sec respectively. Applying these values, an estimation of the average ozone flux, for the whole period in which measurements were taken can be made, and yields the value

$$\bar{F} = 19,9 \cdot 10^{10} \ [\text{molecules/cm}^2\text{sec}]$$

The correlation between the amount of ozone in the layers from 2,5 m to 10 m and 97,5 m to 105 m was examined. The correlation coefficient was found to be r = 0,95 in the case of unstable stratification, and r = 0,40 in the stable case. On every day on which measurements were made the daily maximum occured under conditions of unstable stratification.

A comparison between the ozone values measured in Tsumeb and those made at Windhoek showed, with the exception of one hour, no significant differences.

Den Herren Prof. Dr. G. Pfotzer und Prof. Dr. W. Dieminger möchte ich für ihr Interesse am Fortgang der Arbeit und für die Möglichkeit, diese Arbeit an ihrem Institut durchzuführen, ganz herzlich danken. Desgleichen möchte ich Herrn Prof. Dr. M. Siebert für sein großes Interesse an der Arbeit und seine wertvollen Ratschläge meinen Dank aussprechen.

Herrn Dr. P.G. Pruchniewicz gilt mein Dank für die Themenstellung, Betreuung der Arbeit und für viele fruchtbare Diskussionen, sowie seine Unterstützung bei den Versuchsvorbereitungen und Ratschläge bei der Durchführung und Auswertung der Messungen.

Herrn Dr. H. Tiefenau möchte ich besonders für seine Mithilfe bei den Versuchsvorbereitungen und auch für seine nützlichen Hinweise bei der Auswertung danken.

Mein besonderer Dank gilt auch Herrn B. Jung von der Forschungsstation Jonathan Zenneck, ohne dessen Hilfe die Schwierigkeiten bei den Versuchsvorbereitungen nicht so gut hätten überwunden werden können.

Außerdem möchte ich Herrn Prof. Dr. M. Diem von dem Meteorologischen Institut der TU Karlsruhe für die Erlaubnis danken, für die Meßkampagne den seinem Institut gehörenden Aufzug zu benutzen. Weiterhin möchte ich Herrn Prof. Dr. M. Diem und Herrn Dr. O. Walk für die freundlicherweise zur Verfügung gestellten Daten der Windmessungen danken.

Herrn Dr. O. Walk danke ich auch herzlich für die Übermittlung der für Tsumeb zu verwendenden meteorologischen Parameter.

Literaturverzeichnis

ALDAZ, L.: Flux Measurements of atmospheric Ozone over Land and Water. - J. Geophys. Res. 74, 6943-6946, 1969

BREWER, A.W. and J.R. MILFORD: The Oxford-Kew Ozonesonde. - Proc. Roy. Soc. A, 256, 470-495, 1960

DEARDORFF, J.W.: Dependence of Air-Sea Transfer Coefficients on Bulk Stability. - J. Geophys. Res. 73, 2549-2557, 1968

DEFANT, A. und F. DEFANT: Physikalische Dynamik der Atmosphäre. - Akademische Verlagsgesellschaft Frankfurt, 1958

DÜTSCH, H.U.: Atmospheric Ozone and Ultraviolet Radiation. - World Survey of Climatology, Vol. 4, Chapt. 8, Elsevier Publishing Company Amsterdam-London-New York, 1969

FABIAN, P. und CHR. E. JUNGE: Global Rate of Ozone Destruction at the Earth's Surface. - Arch. Met. Geoph. Biokl., Ser. A, 19, 161-172, 1970

FABIAN, P., P.G. PRUCHNIEWICZ und A. ZAND: Transport- und Austauschvorgänge in der Atmosphäre und ihre Erforschung mit Spurenstoffen. - Naturwissenschaften 58, 541-549, 1971

FABIAN, P., P.G. PRUCHNIEWICZ: Meridional Distribution of Tropospheric Ozone from Ground-Based Registrations between Norway and South Africa. - Pure and Applied Geophysics (PAGEOPH), Vol. 106-108 (1973/V-VII), 1027-1035

FIEDLER, F.: Untersuchung über die Ausbreitung von atmosphärischen Eigenschaften und Luftbeimengungen. - Beitr. Phys. Atmosph. 42, 143-173, 251-286, 1969

GALBALLY, I.: Some Measurements of Ozone Variation and Destruction in the Atmospheric Surface Layer. - Nature 218, 456-457, 1968

GALBALLY, I.: Ozone Profiles and Ozone Fluxes in the Atmospheric Surface Layer. - Quart. J. Roy. Met. Soc. 97, 18-29, 1971, 2

JUNGE, C.E.: Global Ozone Budget and Exchange between Stratosphere and Troposphere. - Tellus XIV, 363-377, 1962

KELLEY, J.J. and J.D. McTAGGERT-COWAN: Vertical Gradient of Net Oxidant Near the Ground Surface at Barrow, Alaska. - J. Geophys. Res. 73, 3328-3330, 1968

KRAUS, H.: Die Energieumsätze in der bodennahen Atmosphäre. - Berichte des Deutschen Wetterdienstes Nr. 117 (Band 16), 1970

MUELLER, J.J.: Ozonesonde, Bubbler Typ. -AFCRL-68-0409 31. Juli 1968

MUNN, R.E.: Descriptive Micrometeorology. - Academic Press New York and London, 1966

PRUCHNIEWICZ, P.G.: Über ein Ozonregistriergerät und Untersuchung der zeitlichen und räumlichen Variationen des troposphärischen Ozons auf der Nordhalbkugel der Erde. - Mitt. Max-Planck-Institut f. Aeronomie Nr. 42, 1970, Springer-Verlag Berlin-Heidelberg-New York

PRUCHNIEWICZ, P.G.: A New Automatic Ozone Recorder for Near-Surface Measurements Working at 19 Stations on a Meridional Chain between Norway and South Africa. - Pure and applied Geophysics (PAGEOPH) Vol. 106-108 (1973/V-VII), 1074-1084

PRUCHNIEWICZ, P.G.: Persönliche Mitteilung 1973

PRUCHNIEWICZ, P.G., H. TIEFENAU, P. FABIAN, P. WILBRANDT und W. JESSEN:
The Distribution of Trophospheric Ozone from Worldwide Surface and Aircraft Observations. - Proceedings of the International Conference on Structure, Composition and General Circulation of the Upper and Lower Atmospheres and Possible Anthropogenic Perturbations Vol. I, Melbourne/Australia, 439-443, 1974

PRUCHNIEWICZ, P.G.:
A Study of the Tropospheric Ozone Budget Based on Interhemispheric Mass Exchange. - Proceedings of the International Conference on Structure, Composition and General Circulation of the Upper and Lower Atmospheres and Possible Anthropogenic Perturbations Vol. I, Melbourne/Australia, 429-438, 1974

PULS, K.E.:
Vergleich von Ozonmessungen des Europäischen Aufstieg-Netzes. - Institut für Meteorologie und Geophysik der Freien Universität Berlin, Meteorologische Abhandlungen Band 111/Heft 1, 1970

REGENER, V.H.:
Vertical Flux of Atmospheric Ozone. - J. Geophys. Res. $\underline{62}$, 221-228, 1957

REGENER, V.H.:
On the Flux of Atmospheric Ozone Near the Ground. - J. Geophys. Res. $\underline{75}$, 4188-4191, 1970

REGENER, V.H.:
Destruction of Atmospheric Ozone at the Ocean Surface. - Arch. Met. Geophys. Biokl., Ser. A, $\underline{23}$, 131-135, 1974

TIEFENAU, H.K.:
Messungen von Ozonprofilen über dem Meer und Bestimmung des Ozonflusses in die Meeresoberfläche sowie der spezifischen Ozonzerstörungsrate in der maritimen Grenzschicht. - Mitt. Max-Planck-Institut f. Aeronomie, Nr. $\underline{45}$, 1971 Springer Verlag, Berlin-Heidelberg-New York

TIEFENAU, H.K., P.G. PRUCHNIEWICZ und P. FABIAN:
Meridional Distribution of Tropospheric Ozone from Measurements Aboard Commercial Airliners. - Z. Geophys. $\underline{38}$, 145-151, 1972

WALK, O.:
Beiträge zur Meteorologie eines Steppengebietes (Tsumeb/S.W.A.) 1. Mitteilung Meteorol. Rdsch. $\underline{25}$, 163-170, 1972

WALK, O.:
Persönliche Mitteilung 1973

WALK, O.:
Persönliche Mitteilung 1974

**Verzeichnis der Mitteilungen aus dem Max-Planck-Institut
für Physik der Stratosphäre**

Nr. 1/1953   Über den Beitrag der von μ-Mesonen angestoßenen Elektronen zu den Ultrastrahlungsschauern unter Blei. G. Pfotzer

Nr. 2/1954   Ein Zählrohrkoinzidenzgerät zur Registrierung der kosmischen Ultrastrahlung. A. Ehmert

Eine einfache Methode zur Einstellung und Fixierung des Expansionsverhältnisses von Nebelkammern. G. Pfotzer

Nr. 3/1954   Optische Interferenzen an dünnen, bei -190°C kondensierten Eisschichten. Erich Regener (vergriffen)

Nr. 4/1955   Über die Messung der Temperatur des atmosphärischen Ozons mit Hilfe der Huggins-Banden. H. Zschörner und H. K. Paetzold

Nr. 5/1956   Ein neuer Ausbruch solarer Ultrastrahlung am 23. Februar 1956. A. Ehmert und G. Pfotzer, vergriffen (erschienen Z. Naturforschung 11a, 322, 1956)

Nr. 6/1956   Das Abklingen der solaren Ultrastrahlung beim Ausbruch am 23. Februar 1956 und die geomagnetischen Einfallsbedingungen. A. Ehmert und G. Pfotzer

Nr. 7/1956   Die Impulsverteilung der solaren Ultrastrahlung in der Abklingphase des Strahlungseinbruches am 23. Februar 1956. G. Pfotzer

Nr. 8/1956   Die atmosphärischen Störungen und ihre Anwendung zur Untersuchung der unteren Ionosphäre. K. Revellio

Nr. 9/1956   Solare Ultrastrahlung als Sonde für das Magnetfeld der Erde in großer Entfernung. G. Pfotzer

*

Die vorstehenden Hefte können beim Max-Planck-Institut für Aeronomie,
3411 Lindau angefordert werden.

Mitteilungen aus dem Max-Planck-Institut für Aeronomie

Nr. 1 (S) 1959   Waibel: Messungen von Primärteilchen der kosmischen Strahlung.

Nr. 2 (S) 1959   Erbe: Auswirkung der Variationen der primären kosmischen Strahlung auf die Mesonen- und Nukleonenkomponente am Erdboden.

Nr. 3 (I) 1960   Kohl: Bewegung der F-Schicht der Ionosphäre bei erdmagnetischen Bai-Störungen.

Nr. 4 (I) 1960   Becker: Tables of ordinary and extraordinary refractive indices, group refractive indices and $h'_{o,x}(f)$-curves or standard ionospheric layer models.

Nr. 5 (S) 1961   Schröpl: Über eine Neubestimmung des Absorptionskoeffizienten von Ozon im Ultraviolett bei kleinen Konzentrationen.

Nr. 6 (S) 1961   Erbe: Ergebnisse der Ballonaufstiege zur Messung der kosmischen Strahlung in Weissenau und Lindau.

Nr. 7 (S) 1962   Meyer: Elektromagnetische Induktion eines vertikalen magnetischen Dipols über einem leitenden homogenen Halbraum.

Nr. 8 (I u. S) 1962   Dieminger und Mitarb.:   Die geophysikalischen Ereignisse des 12. - 14. November 1960.

Nr. 9 (S) 1962   Pfotzer, Ehmert, and Keppler: Time Pattern of Ionizing Radiation in Balloon Altitudes in High Latitudes. Part A, Text; Part B, Figures and Diagrams.

Nr. 10 (S) 1963   Waibel: Eine Ballonsonde zur Messung von Röntgenstrahlung und solarer Ultrastrahlung.

Nr. 11 (S) 1963   Voelker: Zur Breitenabhängigkeit erdmagnetischer Pulsationen.

Nr. 12 (S) 1963   Jaeschke: Registrierung von Pulsationen im südlichen Niedersachsen als Beitrag zur erdmagnetischen Tiefensondierung.

Nr. 13 (S) 1963   Meyer: Elektromagnetische Induktion in einem leitenden homogenen Zylinder durch äußere magnetische und elektrische Wechselfelder.

Nr. 14 (S) 1964   Kremser: Über den Zusammenhang zwischen Röntgenstrahlungs-Ausbrüchen in der Polarlichtzone und bayartigen erdmagnetischen Störungen.

Nr. 15 (S) 1964   Keppler: Messung von Röntgenstrahlung und solaren Protonen mit Ballongeräten in der Nordlichtzone.

Nr. 16 (S) 1964   Kirsch: Die Anisotropien der kosmischen Strahlung.

Nr. 17 (S) 1964   Guilino: Ausbau eines Wechsellichtmonochromators und seine Anwendung zur Messung des Luftleuchtens während der Dämmerung und in der Nacht.

Nr. 18 (S) 1965   Pfotzer and Ehmert: Measurements of High Energetic Auroral Radiations with Balloon-Borne Detectors in 1962 and 1963 Part A to C, Text; Part D, Figures and Diagrams.

Nr. 19 (I) 1965 Hartmann: Bestimmung wichtiger Satellitenpositionen mit Hilfe graphischer Darstellungen.

Nr. 20 (S) 1965 Keppler: Über die Eigenschaften von Zählrohren und Ionisationskammern in verschiedenartigen Strahlungsfeldern. - Zur Interpretation von Röntgenstrahlungsmessungen in Ballonhöhe in der Nordlichtzone.

Nr. 21 (S) 1965 Siebert: Zur Theorie erdmagnetischer Pulsationen mit breitenabhängigen Perioden.

Nr. 22 (S) 1965 Meyer: Zur 27 täglichen Wiederholungsneigung der erdmagnetischen Aktivität, erschlossen aus den täglichen Charakterzahlen C 8 von 1884-1964.

Nr. 23 (S) 1965 Frisius: Über die Bestimmung von Längstwellen - Ausbreitungsparametern aus Feldstärkemessungen am Erdboden.

Nr. 24 (I) 1965 Ma: Einfluß der erdmagnetischen Unruhe auf den brauchbaren Frequenzbereich im Kurzwellen-Weitverkehr am Rande der Nordlichtzone.

Nr. 25 (S) 1965 Kremser, Keppler, Bewersdorff, Saeger, Ehmert, Pfotzer, Riedler, Legrand: X - Ray Measurements in the Auroral Zone from July to October 1964.

Nr. 26 (I) 1966 Stubbe: Theoretische Beschreibung des Verhaltens der nächtlichen F - Schicht.

Nr. 27 (S) 1966 Wilhelm: Registrierung und Analyse erdmagnetischer Pulsationen der Polarlichtzone, sowie ein Vergleich mit Bremsstrahlungsmessungen.

Nr. 28 (S) 1967 Fabian: Über eine neue Ozonradiosonde und Untersuchung von Lufttransporten in der unteren Stratosphäre.

Nr. 29 (S) 1967 Specht: Über die Absorptions- und Emissionsstrahlung der atmosphärischen Ozonschicht bei der Wellenlänge 9,6 μ.

Nr. 30 (I) 1967 Rose und Widdel: Ein Meßgerät zur Bestimmung der Strömungsgeschwindigkeit in kurzen Rohren (Ionenzählern) bei niedrigem Gasdruck.

Nr. 31 (I) 1967 Hartmann: Die Amplitudenregistrierungen des Satelliten Explorer 22, unter besonderer Berücksichtigung der Effekte, die bei Elevationswinkeln kleiner als 45° auftreten.

Nr. 32 (I) 1967 Rüster: Lösung von Bewegungsgleichungen und Kontinuitätsgleichung der F - Schicht mit speziellen Anwendungen auf erdmagnetische Baistörungen.

Nr. 33 (S) 1968 Müller: Zur Modulation der kosmischen Strahlung.

Nr. 34 (S) 1968 Münch: Statistische Frequenzanalyse von erdmagnetischen Pulsationen.

Nr. 35 (S) 1968 Schreiber: Das Magnetfeld des Ringstroms während der Hauptphase erdmagnetischer Stürme und ein Vergleich mit dem beobachteten D_{st}-Anteil des Störfeldes.

Nr. 36 (I) 1968 Elling: Spezielle Näherungsformeln der Appleton-Hartree-Gleichungen zur Interpretation der Absorption einer Mittelwellenausbreitung im nächtlichen E-Gebiet der Ionosphäre.

Nr. 37 (I) 1968 Jones: Application of the Geometrical Theory of Diffraction to Terrestrial LF Radio Wave Propagation.

Nr. 38 (S) 1969 Zürn: Zum weltweiten Auftreten erdmagnetischer Pulsationen vom Typ pc 4.

Nr. 39 (S) 1969 Tiefenau: Untersuchungen an Kanal-Elektronen-Vervielfachern.

Nr. 40 (S) 1970: Sonderheft zum 60. Geburtstag von Herrn Prof. Dr.-Ing. G. Pfotzer am 29. November 1969 und Herrn Prof. Dr.-Ing. A. Ehmert am 6. März 1970.

Nr. 41 (S) 1970 Stratmann: Berechnung des Wellenfeldes eines Längstwellensenders im Entfernungsbereich bis 1000 km zur kontinuierlichen Sondierung der tiefen Ionosphäre durch Feldstärkemessungen in geeigneten Entfernungen vom Sender.

Nr. 42 (S) 1970 Pruchniewicz: Über ein Ozon-Registriergerät und Untersuchung der zeitlichen und räumlichen Variationen des Troposphärischen Ozons auf der Nordhalbkugel der Erde.

Nr. 43 (S) 1970 Richter: Über eine Ballonsonde für Polarlichtmessungen und über den Vergleich von Polarlichtemissionen, Röntgenstrahlen und ionosphärischen Absorptionen.

Nr. 44 (S) 1970 Niapour: Untersuchungen über die mittlere Multiplizität der Verdampfungsneutronen als Maß für die Veränderungen des Energiespektrums der kosmischen Strahlung.

Nr. 45 (S) 1971 Tiefenau: Messungen von Ozonprofilen über dem Meer und Bestimmung des Ozonflusses in die Meeresoberfläche sowie der spezifischen Ozonzerstörungsrate in der maritimen Grenzschicht.

Nr. 46 (S) 1972 Roeckner: Temperaturberechnung der Venusatmosphäre bis 80 km Höhe aufgrund solarer und thermischer Strahlungsströme sowie konvektiver und turbulenter Wärmetransporte.

Nr. 47 (S) 1972 Holl: Zur Theorie thermisch angeregter Gezeiten in der E-Schicht der Ionosphäre.

Nr. 48 (I) 1972 Hartmann, Oberländer, Schmidt, Schödel: Satellite Beacon Observations from 1964 to 1970.

Nr. 49 (S) 1972 Stüdemann: Direkte Teilchenmessungen im Morgensektor der Polarlichtzone.

Nr. 50 (S) 1973 Jessen: Ein Rechenmodell zur Beschreibung des stratosphärischen Ozonkreislaufs.

Nr. 51 (I) 1974 Barke, Elling, Geisweid, Heimesaat, Loidl, Römer, Schwentek, Zellermann
The southern boundary region of the winter anomaly in ionospheric absorption in winter 1971/72 observed on board a ship between 10° and 55° N.

Nr. 52 (I) 1974 Stubbe: Das photochemische, dynamische und thermodynamische Verhalten der oberen Ionosphäre.

Nr. 53 (I) 1974 Rüster: Thermospheric Winds and their Influence on the Ionosphere (Review)

MIX
Papier aus verantwortungsvollen Quellen
Paper from responsible sources
FSC® C105338

If you have any concerns about our products,
you can contact us on
ProductSafety@springernature.com

In case Publisher is established outside the EU,
the EU authorized representative is:
**Springer Nature Customer Service Center GmbH
Europaplatz 3, 69115 Heidelberg, Germany**

Printed by Libri Plureos GmbH
in Hamburg, Germany